U0380133

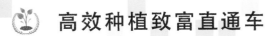

高效种植致富直通车

图说 黄瓜病虫害 诊断与防治

李金堂 编著

机械工业出版社

本书通过204幅黄瓜病害（虫害）田间原色生态图片及病原菌显微图片，介绍了黄瓜病害65种，虫害5种。书中每种病害（虫害）一般有多张图片，从不同发病部位、不同发病时期的症状特点及害虫的不同虫态多个角度描述病害（虫害），可以帮助读者根据图片准确诊断病害（虫害），并介绍了最新的防治方法。

本书可供广大菜农、植保工作者、农资经销商及农业院校相关专业师生阅读参考。

图书在版编目（CIP）数据

图说黄瓜病虫害诊断与防治/李金堂编著. —北京：机械工业出版社，2014.4（2023.1重印）

（高效种植致富直通车）

ISBN 978-7-111-46165-4

Ⅰ.①图… Ⅱ.①李… Ⅲ.①黄瓜－病虫害防治－图解 Ⅳ.①S436.421-64

中国版本图书馆CIP数据核字（2014）第053167号

机械工业出版社（北京市百万庄大街22号 邮政编码100037）
总 策 划：李俊玲 张敬柱 策划编辑：高 伟 郎 峰
责任编辑：高 伟 郎 峰 版式设计：赵颖喆
责任校对：潘 蕊 责任印制：单爱军
北京虎彩文化传播有限公司印刷
2023年1月第1版第6次印刷
140mm×203mm·3.125印张·79千字
标准书号：ISBN 978-7-111-46165-4

定价：25.00元

电话服务　　　　　　　　　　网络服务
客服电话：010-88361066　　机 工 官 网：www.cmpbook.com
　　　　　010-88379833　　机 工 官 博：weibo.com/cmp1952
　　　　　010-68326294　　金 书 网：www.golden-book.com
封底无防伪标均为盗版　机工教育服务网：www.cmpedu.com

高效种植致富直通车
编审委员会

序

　　园艺产业包括蔬菜、果树、花卉和茶等，经多年发展，园艺产业已经成为我国很多地区的农业支柱产业，形成了具有地方特色的果蔬优势产区，园艺种植的发展为农民增收致富和"三农"问题的解决做出了重要贡献。园艺产业基本属于高投入、高产出、技术含量相对较高的产业，农民在实际生产中经常在新品种引进和选择、设施建设、栽培和管理、病虫害防治及产品市场发展趋势预测等诸多方面存在困惑。要实现园艺生产的高产高效，并尽可能地减少农药、化肥施用量以保障产品食用安全和生产环境的健康离不开科技的支撑。

　　根据目前农村果蔬产业的生产现状和实际需求，机械工业出版社坚持高起点、高质量、高标准的原则，组织全国 20 多家农业科研院所中理论和实践经验丰富的教师、科研人员及一线技术人员编写了"高效种植致富直通车"丛书。该丛书以蔬菜、果树的高效种植为基本点，全面介绍了主要果蔬的高效栽培技术、棚室果蔬高效栽培技术和病虫害诊断与防治技术、果树整形修剪技术、农村经济作物栽培技术等，基本涵盖了主要的果蔬作物类型，内容全面，突出实用性，可操作性、指导性强。

　　整套图书力避大段晦涩文字的说教，编写形式新颖，采取图、表、文结合的方式，穿插重点、难点、窍门或提示等小栏目。此外，为提高技术的可借鉴性，书中配有果蔬优势产区种植能手的实例介绍，以便于种植者之间的交流和学习。

　　丛书针对性强，适合农村种植业者、农业技术人员和院校相关专业师生阅读参考。希望本套丛书能为农村果蔬产业科技进步和产业发展做出贡献，同时也恳请读者对书中的不当和错误之处提出宝贵意见，以便补正。

中国农业大学农学与生物技术学院

2014 年 5 月

前　言

　　蔬菜产业在我国农产品结构中占据着重要地位。它不仅直接关系着城乡居民的生活质量，还对我国经济发展有重要作用。20世纪90年代以来我国蔬菜产业取得了长足进步，以"菜篮子工程"为代表的农业政策极大地促进了蔬菜生产。

　　随着蔬菜产业规模的不断扩大，病虫害防治在蔬菜生产中的重要性日益凸显。多年的生产实践表明，病虫害防治工作做好了，既能提高蔬菜的产量和品质，促进蔬菜产业的健康发展，又能获得更好的经济效益和社会效益。为帮助广大种植者及相关人员准确诊断黄瓜病害并更好地防治病害，编者撰写了《图说黄瓜病虫害诊断与防治》一书。

　　本书得到了山东省高等学校科技计划项目（J12LF55）的支持，以"蔬菜之乡"寿光市为主要调查地点，结合其他黄瓜产区进行病虫害调查，一般每周调查2次，将黄瓜病虫害病样带回研究室进行分离培养鉴定。为了更准确地诊断病害，编者对黄瓜病害不同时期、不同发病部位的症状，黄瓜害虫不同虫态、不同龄期的形态特征及为害症状等进行了全方位的拍摄，以获得对病虫害的立体识别。同时在每种病虫害的最后，对黄瓜生产、管理及防治过程中需特别注意的事项进行了总结提炼，可起到较好的提醒作用。

　　本书内容包括黄瓜病害65种，害虫5种，有黄瓜病害（虫害）田间原色生态图片及病原菌显微图片204幅。对黄瓜病虫害的准确诊断与指导科学防治有较高的指导和参考价值，可供广大菜农、植保工作者、农资经销商及农业院校相关专业师生阅读参考。

　　需要特别说明的是，本书所用药物及其使用剂量仅供读者参考，不可照搬。在生产实际中，所用药物学名、常用名和实际商品名称有差异，药物浓度也有所不同，建议读者在使用每一种药物之前，参阅厂家提供的产品说明以确认药物用量、用药方法、用药时间及禁忌等。

　　本书在资料收集和整理过程中得到了默书霞、付海滨、谢凤霞、张军林、王勇伟、李建才等众多专家、同行、朋友及广大菜农、农药零售商的支持和帮助，在此表示衷心感谢。在图书出版过程中，得到了潍坊科技学院李昌武院长的大力支持，特致以诚挚的谢意。

　　由于时间紧、编者水平所限，书中错误和疏漏之处在所难免，恳请有关专家、同仁及广大读者朋友批评指正！

李金堂

目　录

序

前言

一、侵染性病害

二、生理性病害

三、虫害

附录 常见计量单位名称与符号对照表

参考文献

一、侵染性病害

1. 靶斑病 >>>>

由山扁豆生棒孢菌引起的黄瓜靶斑病是 2009 年以来在全国黄瓜产区大面积发生的一种主要病害。该病危害严重，高温、高湿条件下发病流行速度快，损失严重。其症状有时与黄瓜细菌性角斑病、霜霉病及炭疽病不易区分，生产中应确诊后再对症用药。

〔症状〕 靶斑病主要为害黄瓜叶片，严重时也为害叶柄、茎蔓及瓜条。叶片染病，先出现黄褐色米粒大小近圆形的水浸状病斑（图 1-1），病斑边缘常有黄绿色晕圈（图 1-2），有的一张叶片上病斑数量多达数百个（图 1-3）；随着病情的发展，病斑逐渐扩大，扩展为黄白色至黄褐色凹陷斑，病斑中央颜色较浅似靶心状（图 1-4）；发病后期多个病斑易连成一片，导致叶片枯死。湿度大时病斑背面呈水浸状，可见稀疏的灰褐色霉状物（图 1-5），空气干燥时病斑易破裂。瓜条染病，会出现水浸状近圆形褐色病斑，病斑中心颜色略浅，后期病斑凹陷。

图 1-1 靶斑病初期症状

图 1-2 靶斑病病斑具有黄绿色晕圈

〔病原〕 病原菌为 *Corynespora cassicola*（Berk. & Curt.） Wei.，称山扁豆生棒孢菌，属半知菌门。分生孢子梗多单生、细长、不分枝，有 1～7 个隔膜，浅褐色，大小为（97.2～464.6）μm×（5.2～13.4）μm。分生孢子顶生，具有厚壁，呈倒棍棒形或圆柱形，有 7～22 个隔膜，大小为（37.3～195.8）μm×（10.5～23.1）μm。病菌发育适温为 25～30℃，在 PDA 培养基上生长较慢，初期为白色，后期颜色加深为灰黑色（图1-6）。

图1-3 靶斑病田间发病严重

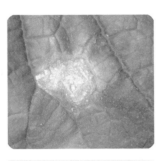

图1-4 靶斑病典型病斑

图1-5 靶斑病病斑背面
出现灰褐色霉层

图1-6 靶斑病病菌
菌落呈灰黑色

〔发病规律〕 病菌主要以分生孢子或菌丝体在土壤中的病残体上越冬，极少数情况下也可产生厚垣孢子及菌核越冬。来年春天产生分生孢子通过气流或雨水飞溅传播，进行初侵染和再侵染。一般病菌侵入后 6～7 天发病，温度为 24～28℃ 且湿度大时发病严重。

〔防治方法〕

1）选育抗病品种。

2）提倡与非瓜类蔬菜实行 2 年以上轮作，生产过程中及时摘除中下部发病严重的叶片，减少病原菌数量。

3）前茬收获后及时清除病残株，减少初侵染菌源，可有效控制病害的发生。

4）加强栽培管理。及时通风，浇水要小水勤灌，避免大水漫灌，降低棚内湿度。

5）药剂防治。病害的预防可采用75％的百菌清可湿性粉剂1 000倍液，或70％的代森锰锌可湿性粉剂800倍液喷雾进行。发现病害后及时防治，发病初期可喷洒50％的福美双可湿性粉剂500倍液，或20％的烯肟菌胺·戊唑醇水悬浮剂1 500倍液，或25％的咪鲜胺乳油1 500倍液，或50％的苯菌灵可湿性粉剂1 500倍液，或25％的异菌脲悬浮剂1 000～1 500倍液，或70％的甲基托布津（甲基硫菌灵）可湿性粉剂1 000倍液。温室中也可选用45％的百菌清烟剂熏烟防治，用量为每亩施用300～400g（1亩=666.7m^2）。一般7天1次，病害严重者可将间隔期缩短为4～5天。

📢 **提示** 通过室内离体试验发现，福美双对病菌菌丝生长有较好的抑制作用，对分生孢子有致畸作用，防治效果较好。

2. 白粉病 >>>>

〔症状〕叶片发病，初现近圆形小白粉斑（图2-1）；随着病情发展，病斑不断扩大（图2-2、图2-3），并融合为大型白粉斑，病斑背面也出现白色霉状物（图2-4），即病菌的分生孢子梗及分生孢子。叶柄、茎秆发病症状与叶片相似（图2-5）。

〔病原〕病原菌为 *Sphaerotheca fuliginea* Poll.（单丝白粉菌）和 *Erysiphe cichoracearum* DC（二孢白粉菌），均属子囊菌门真菌。分生孢子呈椭圆形，一般无隔膜（图2-6）。

图 2-1　白粉病发病初期症状

图 2-2　白粉病发病中期症状

图 2-3　白粉病典型症状

图 2-4　白粉病叶背症状

图 2-5　白粉病侵染叶柄

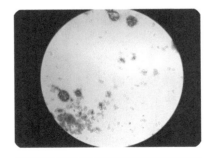

图 2-6　白粉病分生孢子呈椭圆形

　　[发病规律]　病菌以闭囊壳、菌丝体、分生孢子随病残体在土壤中越冬。第二年条件合适，产生分生孢子或子囊孢子随风雨传播到寄主上便开始侵染。栽培过密、通风不良、偏施氮肥的黄瓜园

发病严重。

〔防治方法〕

1）选择抗耐病品种是防治白粉病最经济有效的方法。

2）加强田间管理。收获后彻底清洁菜园，扫除枯枝落叶。生长期间及时摘除发病严重的叶片。合理浇水、及时通风，降低空气湿度。

3）药剂防治。发病初期用 2% 的嘧啶核苷酸抗生素 200 倍液，或 10% 的苯醚甲环唑水分散粒剂 1 500 倍液，或 25% 的乙嘧酚悬浮剂 1 000 倍液进行叶面喷雾。

⚠️ **注意** 白粉病菌分生孢子在水中容易破裂,因此喷药时可对白粉病严重的叶片多喷一些,最好做到有药液滴下。

3. 病毒病 >>>>

病毒病是黄瓜上的一种常见和重要病害，对黄瓜产业的生产和健康发展带来毁灭性灾害。编者在寿光等黄瓜种植区调查发现，黄瓜病毒病发生普遍，危害程度高，不仅为害叶片，严重时果实也发病严重，成为当前黄瓜高产、稳产的主要限制因素，尤其随着复种指数的增加及化学农药的大量使用，黄瓜病毒病的发生有愈加严重的趋势，严重影响了黄瓜的产量和质量，成为生产中亟待解决的首要问题。

〔症状〕 主要分为以下 4 类。

1）花叶型病毒病：幼苗感病，子叶常变黄枯萎，成株期叶片发病出现黄绿相间或黄白相间的花叶，叶片略皱缩（图 3-1 ~ 图 3-3）。瓜条发病出现深浅绿色镶嵌的花斑，凹凸不平或为畸形（图 3-4）。

图 3-1 病毒病花叶型幼叶症状

2）黄化型病毒病：叶面出现数量

较多的浅黄色褪绿斑，叶片发硬，但叶脉一般不变色（图3-5）。

图3-2　花叶型病毒病典型症状

图3-3　病毒病花叶型
叶片黄白相间

图3-4　病毒病为害瓜条

图3-5　黄化型病毒病典型症状

3）绿斑型病毒病：叶面出现形状不规则的黄绿色小病斑，病部略凸起呈瘤状（图3-6）。

4）皱缩型病毒病：叶片叶脉附近出现深绿色隆起皱纹，向内收缩（图3-7）。果实表面产生斑驳，或凹凸不平的瘤状物，果实变形。

〔病原〕　黄瓜病毒病由黄瓜花叶病毒（Cucumber Mosaic Virus，CMV）、甜瓜花叶病毒（Muskmelon Mosaic Virus，MMV）、烟草花叶病毒（Tobacco Mosaic Virus，TMV）、黄瓜绿色斑点花叶病毒（Cucumber Green Mottle Mosaic Virus，CGMMV）等多种病毒单独侵染或复合侵染引起。

7

图3-6　绿斑型病毒病典型症状　　**图3-7　皱缩型病毒病典型症状**

〔发病规律〕　黄瓜花叶病毒随多年生宿根植株和病株残余组织遗留在田间越冬，也可由种子带毒越冬。在田间以介体传播为主，黄瓜病毒病的传毒介体主要有蓟马、蚜虫、白粉虱等，介体传毒的有效性取决于介体的数量，尤其是带毒率高的有效介体数量。一般高温、干旱年份有利于介体的繁殖和迁飞，病毒病发生严重，对蓟马、蚜虫等传毒介体防治不利将加重病害的传播、蔓延。植株营养缺乏、生长势弱，抗病性下降，病害也会加重。

〔防治方法〕

1）选用抗病品种是最经济、有效防治病毒病的措施。

2）种子消毒。播种前进行种子消毒，用10%的磷酸三钠溶液浸种20min，然后用清水洗净后播种。也可将干燥的种子置于70℃恒温箱内干热处理72h，可有效杀死种子上携带的病毒。

3）加强管理。清除田间杂草，培育壮苗，及时追肥、浇水，提高植株抗病性。田间操作时先健瓜后病瓜，防止病毒传播。农事操作的工具也要用酒精或肥皂水消毒。

4）防治蚜虫、蓟马等传毒介体。可采用银灰色膜驱蚜（图3-8）、黄板诱蚜、蓝板诱杀蓟马等物理方法。也可喷施2.5%的多杀霉素悬浮剂1 500倍液，或10%的虫螨腈乳油2 000倍液，或5%的氟虫腈悬浮剂1 500倍液，或10%的吡虫啉可湿性粉剂1 000

倍液等化学方法杀灭害虫。

5）药剂防治。发病初期及时喷洒 20% 的盐酸吗啉胍铜可湿性粉剂 500 倍液，或 4% 的宁南霉素水剂 500 倍液，或 1.5% 的烷醇·硫酸铜乳剂 1 000 倍液，或 0.5% 的菇类蛋白多糖 250 倍液，或 10% 的混合脂肪酸水乳剂 100 倍液等，5~7 天喷 1 次。

图 3-8 驱避蚜虫用的银灰色膜

📢 **提示** 病毒病为系统性病害,选用抗病品种是防治病害的根本措施,同时应坚持"预防为主"的原则,发病前定期喷洒几丁聚糖等能提高植株抗病性的药物,提高植株免疫力。

4. 猝倒病 >>>>

〔症状〕 黄瓜苗期发病严重,茎基部呈水渍状缢缩,后期幼苗倒伏（图 4-1）。病害传播蔓延速度快。

〔病原〕 病原菌为 *Pythium aphanidermatum* (Eds.) Fitzp.，称瓜果腐霉,属鞭毛菌门真菌。

〔发病规律〕 以卵孢子在土壤中越冬。次年产生孢子囊直接萌发芽管或形成游动孢子侵染寄主。低温、高湿条件下发病严重。

图 4-1 黄瓜猝倒病

〔防治方法〕

1）种子消毒。可用种子质量 0.3% 左右的 25% 的甲霜灵可湿性粉剂浸泡消毒。

2）加强苗床管理。选择地势高、排水方便的位置做苗床，播前浇足底水，出苗后不浇水或少浇水。

3）适当密植、及时放风，浇水时不要大水漫灌，降低棚内湿度。

4）药剂防治。发病初期喷洒 52.5% 的噁唑菌酮·霜脲可湿性粉剂 600 倍液，或 3% 的噁霉·甲霜水剂 500 倍液，或 70% 的乙铝·锰锌可湿性粉剂 500 倍液，或 64% 的噁霜·锰锌可湿性粉剂600~800 倍液。土壤湿度不大时，可用上述药剂灌根防治。

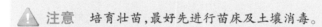 注意　培育壮苗,最好先进行苗床及土壤消毒。

5. 腐霉根腐病 >>>>

〔症状〕 主要为害黄瓜根系，根系表面先变为浅褐色，后期颜色加深（图 5-1）。严重时植株地上部分萎蔫（图 5-2）。

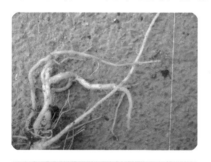
图 5-1　腐霉根腐病病根

图 5-2　腐霉根腐病植株萎蔫症状

〔病原〕 病原菌为 *Pythium myriotylum* Drechsler（结群腐霉）及 *P. deliense* Meurs（德里腐霉），称瓜果腐霉，均属鞭毛菌门真菌。

〔发病规律及防治方法〕 参见"4. 猝倒病"。

6. 根结线虫病 >>>>>

〔症状〕 黄瓜根系上出现许多大小不一的瘤状物（图6-1、图6-2），线虫为害严重时植株呈失水萎蔫状。

图6-1 根结线虫病须根上的根瘤

图6-2 根结线虫病病根

〔病原〕 病原为 *Meloidogyne incognita* Chitwood，称南方根结线虫。

〔发病规律〕 土壤温度为25～30℃，含水量为40%～50%时，有利于线虫的发育；土质疏松透气，适宜根结线虫的活动，致使发病严重；同时，土地连作时间越长，发病越重。

〔防治方法〕

1）提倡轮作。最好与禾本科作物、葱蒜类轮作，轮作2年以上效果较明显。

2）深耕翻晒。线虫大多在地下20cm土层内活动，通过深翻土壤将其暴晒在强光下，可杀死大量线虫。

3）药剂防治。可用50%的辛硫磷颗粒剂2～2.5kg/亩，拌细土30～50kg，制成毒土沟施或穴施进行预防。发病后可用70%的辛硫磷乳油1 000～1 500倍液，或1.8%的阿维菌素乳油1 000～1 500倍液灌根，7～10天灌1次，连续灌2～3次。每株用药量300mL

左右。

⚠️ **注意** 部分药剂毒性较高,施用时请注意避免药剂与种子或苗根直接接触,以免产生药害。

7. 黑星病 >>>>

〔症状〕黄瓜幼苗期、成株期均可发病。幼苗期发病,叶片出现浅褐色近圆形小病斑（图7-1）,后期病斑破裂穿孔（图7-2）,茎秆出现褐色水渍状长条形病斑（图7-3）。成株期发病,叶缘皱缩干枯（图7-4）,叶面出现星状病斑（图7-5、图7-6）,并扩大穿孔,病斑外常有黄色晕圈（图7-7）。瓜条发病,病斑凹陷皱缩,出现白色分泌物（图7-8）,后颜色加深为琥珀色（图7-9）,病斑处形成明显疤痕,严重时瓜条开裂（图7-10）。有时,病菌先侵染花,再由花引起瓜条发病（图7-11）。茎蔓发病,出现长梭形开裂病斑（图7-12）,病部出现琥珀色黏稠物（图7-13）,后期病斑处出现黑色霉层（图7-14）,即病菌的分生孢子梗及分生孢子。为害瓜须时常造成瓜须变褐坏死。

图7-1 黑星病幼苗发病
初期症状

图7-2 黑星病幼苗发病
后期病斑破裂症状

图7-3　黑星病幼苗茎秆
发病症状

图7-4　黑星病新叶常
从叶缘发病

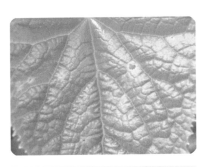

图7-5　黑星病叶片发病
出现星状病斑

图7-6　黑星病叶片发病
典型症状

图7-7　黑星病病斑外常具
有黄色晕圈

图7-8　黑星病发病初期出现
白色分泌物

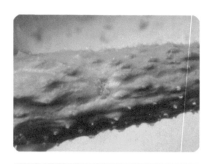

图 7-9　黑星病瓜条出现琥珀
　　　　色黏稠物

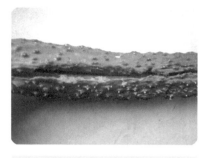

图 7-10　黑星病引起瓜条开裂

图 7-11　黑星病侵染花后引起
　　　　瓜条发病症状

图 7-12　黑星病侵染
　　　　茎蔓出现裂口

图 7-13　黑星病侵染茎蔓出现
　　　　琥珀色黏稠物

图 7-14　黑星病侵染茎蔓后期
　　　　开裂并出现黑色霉层

〔病原〕 病原菌为 *Cladosporium cucumerinum* Ell. et Arthur，称瓜枝孢，属半知菌门真菌。分生孢子梗单生或丛生，直立，浅褐色至褐色，不分枝或分枝；分生孢子单生或串生，椭圆形，浅褐色至浅绿色，多为单胞，少数为双胞。除为害黄瓜外，还可侵染甜瓜、西瓜等其他瓜类蔬菜。

〔发病规律〕 病原菌以菌丝体在土壤中的病残体上越冬，或以分生孢子、菌丝体在种子上越冬。第二年产生分生孢子进行侵染，分生孢子通过气流和雨水进行传播，病菌可直接穿透植物的表皮，也可从自然孔口或伤口侵入。潜育期一般 3~8 天，温度越高，潜育期越短。发病的适宜温度为 20~23℃，适宜湿度为 90% 以上，喜弱光不喜强光，故春、秋季节温度低、湿度大、透光不好的大棚内发病早且严重。

〔防治方法〕

1）选用抗病品种。

2）从无病株上采种。

3）种子消毒。用 55~60℃ 的温水浸种 15min；也可用种子质量 0.3% 左右的 50% 的多菌灵可湿性粉剂拌种。

4）与非瓜类作物轮作 2 年以上，压低菌源量。

5）加强管理。及时清除田间病叶并销毁，合理浇水、及时通风，降低棚内相对湿度。

6）药剂防治。前期可用 10% 的百菌清烟剂预防病害，用量为 250~350g/亩。病害发生后及时用药，可用 50% 的咪鲜胺可湿性粉剂 1 500~2 000 倍液，或 40% 的氟硅唑乳油 1 000 倍液，或 25% 的戊唑醇可湿性粉剂 1 500 倍液喷雾，每 7 天 1 次，连续防治 3~4 次。喷药时间以在晴天上午 9~10 点或下午 4~5 点为宜，中午温度高时不宜施药，以免发生药害。

📢 提示　黑星病发病后较难治愈，应以预防为主。防治药剂以唑类药剂为主，注意掌握施药剂量，以免抑制生长。

8. 红粉病 >>>>

黄瓜红粉病是近年来温室黄瓜等瓜类蔬菜生产中新发生的重要病害，在黄瓜种植区发病严重，对黄瓜生产造成较大危害。因为发病流行的时间不长，常不能准确诊断病害，容易导致误诊而加大农药使用量。

〔症状〕 主要为害黄瓜叶片。叶片病斑呈椭圆形或近圆形，中央为浅褐色，边缘颜色稍深，有黄绿色晕圈（图8-1），后期病斑扩大为近圆形或不规则形，表面出现粉红色霉状物（图8-2），即分生孢子梗及分生孢子。

图 8-1 红粉病病斑

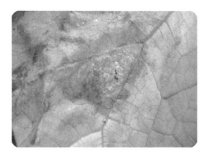

图 8-2 红粉病病斑长出粉红色霉状物

〔病原〕 病原菌为 *Trichothecium roseum*（Pers.）Link，称粉红单端孢，属半知菌门真菌。菌落初为白色，后渐变为粉红色。分生孢子梗直立不分枝，无色；分生孢子顶生，单独形成，常聚集成头状，呈浅红色，分生孢子为倒梨形，无色或半透明，成熟时具有 1 个隔膜，隔膜处略缢缩（图8-3）。

〔发病规律〕 病原菌一般以菌丝体形态随病残体在土壤中越冬，第二年春天环境条件适宜时产生分生孢子，通过风雨传播到

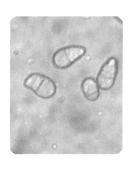

图 8-3 病原菌分生孢子

黄瓜叶片上，多从伤口侵入。发病后，病部又产生大量分生孢子进行再侵染。病菌发育适温为 25～30℃，相对湿度高于 90% 时发病较重。湿度大、光照不足、通风不良、植株徒长、植株衰弱等原因易造成该病发生流行。

〔防治方法〕

1）适度密植，及时整枝、绑蔓。适时放风降湿，降低棚内湿度，雨后及时排水。选用无滴膜，防止棚顶滴水。

2）增施有机肥及磷钾肥，提高植株抗病性。

3）发病前可用 15% 的百菌清烟剂预防，用量为 250～300g/亩。发病后可喷洒 25% 的络氨铜水剂 500 倍液，或 50% 的咪鲜胺锰盐可湿性粉剂 1 500 倍液，或 25% 的戊唑醇可湿性粉剂 1 500 倍液等药剂，7～10 天 1 次，连喷 2～3 次。

⚠️ 注意　黄瓜生长势较弱时易得红粉病，应培育壮苗，保证营养供给，坐果不要太多。

9. 花腐病　>>>>

黄瓜花腐病，又称褐腐病，常会造成大量幼瓜腐烂，严重减产。该病是由瓜笄霉引起的一种真菌性病害，世界各国瓜类产区均有发生。我国是世界上的瓜类主产国之一，该病在全国各地均有发生，部分地区发病率较高，以寿光地区为例，4～5 月及 8～10 月是发病高峰期。

〔症状〕　主要为害花及幼嫩果实。花被侵染后变为褐色干腐状，湿度大时出现水渍状腐烂（图 9-1）。花发病后继而引起瓜条发病，瓜条缢缩呈褐色干腐状（图 9-2）。

〔病原〕　病原菌为 *Choanephora cucurbitarum*（Berk. et Rav.）Thaxt，称瓜笄霉，属接合菌门真菌。孢囊梗长 3～6mm。无性繁殖时可产生大型孢子囊及小型孢子囊两种类型，孢子囊内产生孢囊孢子。

图9-1　花腐病为害花及果实　　图9-2　花腐病后期症状

[发病规律]　病菌主要以菌丝体随病残体或产生接合孢子留在土壤中越冬，第二年春天侵染瓜类的花和幼瓜，发病后病部长出孢囊梗及孢子囊，产生大量孢囊孢子借风雨或昆虫传播。该菌腐生性强，一般只能从伤口侵入生活力衰弱的花和果实，因此花期是防治该病的关键时期。

[防治方法]

1）及时摘除病花、病瓜并深埋。

2）加强棚室温湿度管理。注意通风排湿，严禁大水漫灌，降低棚内湿度，创造不利于病害发展的环境条件。

3）药剂防治。发病前可用15%的百菌清烟剂预防，每亩用药剂250～300g。花期和幼瓜期适时喷洒10%的苯醚甲环唑水分散粒剂1 500倍液，或25%的嘧菌脂胶悬剂1 500倍液，或60%的多菌灵盐酸盐可溶性粉剂800倍液，或50%的甲基硫菌灵可湿性粉剂800倍液，或50%的苯菌灵可湿性粉剂1 500倍液等，有条件的菜农也可喷撒粉尘剂，既有利于降低棚内湿度，又可较好地防治病害。

📢 提示　花腐病发病重的地区或大棚，可在蘸花药中加入适量药剂以预防病害。

10. 黄脉花叶病毒病 >>>>

〔症状〕 叶片主脉先变为黄色（图10-1），随病情发展，小叶脉也逐渐变黄（图10-2）。新叶发病受害严重（图10-3），可导致幼叶整体褪绿黄化。

〔病原〕 病原为黄瓜黄脉病毒（Cucumber Vein Yellowing Virus, CVYV）。

〔发病规律及防治方法〕 参见"3. 病毒病"。

图 10-1 黄脉花叶病毒病初期症状

图 10-2 黄脉花叶病毒病田间症状

图 10-3 黄脉花叶病毒病为害新叶症状

11. 灰霉病 >>>>

〔症状〕 黄瓜叶片、花、茎秆、果实均可受害。花被侵染后呈现水渍状褐色病变，表面出现灰色霉层（图11-1），即病菌的分生孢子梗及分生孢子。病花掉到叶片上会引起叶片发病（图11-2），病斑呈薄纸状；常见病斑类型有近圆形与半圆形（图11-3、图11-4），病斑多有明显轮纹（图11-5）。发病后期，病斑融合、破裂穿孔（图11-6）。茎秆被侵染后变为褐色，病部有灰色霉层

（图 11-7），严重时茎秆坏死，影响水分及营养运输，病部以上部分萎蔫枯死（图 11-8）。

图 11-1　灰霉病病花

图 11-2　灰霉病病花落到叶片
上引起病害

图 11-3　灰霉病近圆形病斑

图 11-4　灰霉病初期的半圆形病斑

图 11-5　灰霉病病斑有明显轮纹

图 11-6　灰霉病后期症状

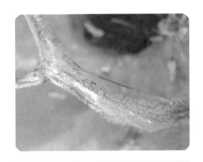

图 11-7 灰霉病侵染茎秆

图 11-8 灰霉病烂秆后导致
植株枯死

〔病原〕 病原菌为 *Botrytis cinerea* Pers. ，称灰葡萄孢，属半知菌门真菌。分生孢子梗较长，灰色或褐色，有分隔和分枝，分枝顶端略膨大。分生孢子近球形或卵圆形，大小为 $(8.7 \sim 15.3)\,\mu m \times (6.5 \sim 11.2)\,\mu m$。

〔发病规律〕 病菌主要以菌丝体或菌核随病残体在土壤中越冬。南方设施蔬菜中的病菌可常年存活，不存在越冬问题。分生孢子主要通过风雨传播，条件适宜时即萌发，多从伤口或衰老组织侵入。初侵染发病后又长出大量新的分生孢子，通过传播进行再侵染。温室大棚内的高湿环境有利于病害发生和流行。

〔防治方法〕

1）加强温室内温湿度的调控。保障植株间通风、透光，降低湿度，同时温度不要太低。

2）加强水肥管理。一次浇水不要太多，及时补充植株营养，使植株生长旺盛，防止早衰。

3）及时清除病残体，减少菌源量。病叶、病果需及时运出棚外并销毁。

4）药剂防治。发病初期喷洒 50% 的腐霉利可湿性粉剂 1 000 倍液，或 40% 的菌核净可湿性粉剂 800 倍液，或 50% 的异菌脲可湿性粉剂 1 000 倍液，或 25% 的啶菌噁唑乳油 1 000 倍液。隔 7 ~ 10 天喷药 1 次，连续喷 3 ~ 4 次。温室中也可用 20% 的噻菌灵烟剂 0.3 ~ 0.5kg/亩熏烟。

提示　灰霉病病菌量一般较大,阴雨天利用烟剂熏棚,既能灭杀部分病原菌,又能降低棚内湿度。

12. 菌核病 >>>>

〔症状〕可为害叶片、茎蔓、瓜条等部位。叶片发病多从叶缘开始（图 12-1），出现褐色水浸状病斑并向叶片内部发展（图 12-2）。茎蔓感病，似开水烫过一样，后出现白色菌丝，呈水浸状腐烂（图 12-3）。瓜条被侵染后出现褐色软腐，也出现白色菌丝体（图 12-4）。

图 12-1　菌核病初期

图 12-2　菌核病叶片出现褐色水浸状病斑

图 12-3　菌核病茎蔓呈水浸状腐烂

图 12-4　菌核病为害瓜条症状

〔病原〕 病原菌为 *Sclerotinia sclerotiorum*（Lib.）De Bary，称核盘菌，属子囊菌门真菌。

〔发病规律〕 病菌以菌核在土壤中越冬，是病害初侵染源。第二年春天，环境条件合适时，菌核萌发产生出子囊盘、子囊和子囊孢子，子囊孢子成熟后从子囊盘弹出，靠气流传播到植株上进行侵染。子囊孢子一般先侵染抵抗力低下的衰老组织完成初侵染，植株发病后，形成的菌丝可通过雨水、农事操作等侵染其他植株形成再侵染。病菌喜温暖潮湿的环境，发病的温度范围为 5～24℃；最适发病环境为温度 18～20℃左右，相对湿度在 85% 以上。地势低洼、排水不良、种植过密、通风透光差、氮肥施用过多的田块发病较重。

〔防治方法〕

1）选用抗病品种。

2）合理施肥。施足基肥，增施磷钾肥，避免偏施氮肥。

3）种子消毒。播种前用 50～55℃的温水浸种 10～15min，再移入冷水，然后取出晾干后播种。

4）土壤消毒。每平方米用 50% 的多菌灵可湿性粉剂 9g，与干细土 10g 拌匀后撒施，可消灭菌源。

5）药剂防治。发病后可喷洒 40% 的菌核净可湿性粉剂 500 倍液，或 50% 的乙烯菌核利可湿性粉剂 1 000～1 500 倍液，或 50% 的腐霉利可湿性粉剂 1 500 倍液，或 50% 的异菌脲可湿性粉剂 1 500 倍液，或 50% 的福·异菌可湿性粉剂 800 倍液。

📢 提示 阴雨天可采用粉尘剂喷粉或采用烟雾剂施药防治，在防病的同时有助于降低棚内湿度。

13. 枯萎病 >>>>

〔症状〕一般在结果后表现症状，地上部分在中午高温期间表现萎蔫症状，早期晚间可恢复，后期严重时不能恢复（图13-1）。植株茎基部出现黄褐色条斑（图13-2），严重时茎蔓纵裂（图13-3），拔出根部可见根茎部变为褐色，尤其内部变色更严重。

〔病原〕病原菌为 *Fusarium oxysporum* (Schl.) F. sp. *cucumerinum* Owen.，称尖镰孢菌黄瓜专化型，属半知菌门真菌。

图 13-1 枯萎病植株萎蔫症状

图 13-2 枯萎病茎基部出现黄褐色条斑

图 13-3 枯萎病茎基部纵裂症状

〔发病规律〕黄瓜枯萎病为土传、种传病害。土壤过湿、连作年限长、地下害虫多发病重。

〔防治方法〕

1）种子消毒。播前用52℃的温水浸种30min，或用50%的多菌灵可湿性粉剂500倍液浸种1h，洗净后播种。

2）进行轮作。有条件的地区提倡水旱轮作，可杀灭土壤中的病菌。发现病株，及时拔除，并撒施生石灰消毒。

3）嫁接防病。采取黑籽南瓜作嫁接砧木，能有效预防黄瓜枯萎病。

4）药剂防治。发病初期喷洒 30% 的噁霉灵水剂 1 000 倍液、50% 的多·硫悬浮剂 500 倍液或 54.5% 的噁霉·福可湿性粉剂 800 倍液，此外可用 77% 的氢氧化铜可湿性粉剂 500 倍液或 12.5% 的增效多菌灵可溶性液剂 200 倍液灌根，用量为 100 ~ 150mL，一般 5 ~ 7 天灌 1 次。

 注意 最好进行土壤消毒，同时注意雨后排水。

14. 立枯病 >>>>

立枯病是黄瓜幼苗常见的病害之一，全国各地均有发生。育苗期间遇阴雨天、光照少的天气发病重，常造成秧苗成片死亡。

〔症状〕 一般苗期发病。茎基部及以下部位发生病变，出现褐色病斑，稍凹陷，病斑扩展后绕茎一圈，幼苗萎蔫，后期倒伏（图 14-1）。

〔病原〕 病原菌为 *Rhizoctonia solani* Kühn，称立枯丝核菌，属半知菌门真菌。

图 14-1 立枯病病苗

〔发病规律〕 病菌主要以菌丝体随病残体在土壤中越冬，可长期在土壤中腐生。菌丝可直接侵入寄主，随雨水、灌溉水、农事操作等传播。幼苗生长势弱、营养不良或受伤，易发病。通风不良、土壤过湿、光照不足也易发病。

〔防治方法〕

1）发病后喷洒 15% 的噁霉灵水剂 500 倍液或 20% 的甲基

立枯磷乳油 1 200 倍液。土壤较干时，也可用上述药剂灌根治疗。

2）其他防治方法参见"4. 猝倒病"。

⚠️ **注意** 灌药防治时最好同时灌入防治立枯病和猝倒病的药剂。

15. 蔓枯病 >>>>

〔症状〕苗期、成株期均可发病。苗期发病，病部先褪绿变黄（图15-1），多从下部叶片开始发病（图15-2），病斑有长条形或半圆形等（图15-3、图15-4）。成株期发病，病斑类型多种多样（图15-5 ~ 图15-8），空气干燥时病斑易破裂（图15-9）。蔓枯病发病严重时，可为害新叶（图15-10）、瓜条（图15-11）。茎蔓感病，多开裂并溢出琥珀色黏稠物（图15-12、图15-13）。各发病部位后期常出现小黑点（图15-14），即病菌的子囊壳。

图15-1 蔓枯病苗期发病病部褪绿变黄　　图15-2 蔓枯病多从下部叶片开始发病

图 15-3　蔓枯病苗期
　　　　长条形病斑

图 15-4　蔓枯病苗期发病症状

图 15-5　蔓枯病长条形病斑

图 15-6　蔓枯病"V"字形病斑

图 15-7　蔓枯病半圆形病斑

图 15-8　蔓枯病近圆形病斑

图 15-9　蔓枯病病斑破裂

图 15-10　蔓枯病
新叶发病症状

图 15-11　蔓枯病瓜条发病症状

图 15-12　蔓枯病茎蔓开裂症状

图 15-13　蔓枯病茎蔓处病部
出现琥珀色黏稠物

图 15-14　蔓枯病
后期病部出现小黑点
（子囊壳）

〔病原〕 病原菌为半知菌门中的西瓜壳二孢 *Ascochyta citrullium* Smith，分生孢子器在叶片表面聚生，初为埋生，后突破表皮外露，多为球形，有的为扁球形，直径为 75.3 ~ 164.8μm，颜色为浅褐色，分生孢子器孔口较明显，直径 20.7 ~ 27.9μm，分生孢子圆筒形，初为单胞，后生一隔膜变为双胞，大小为（11.1 ~ 11.5）μm ×（3.9 ~ 4.2）μm。有性时代为 *Mycosphaerella melonis*（Pass.）chiu et walker，称为甜瓜球腔菌，属子囊菌门真菌，子囊壳近球形，直径大小为 87.3 ~ 124.2μm，孔口略凸起，黑褐色，直径为 21.6 ~ 29.5μm，子囊棍棒形，大小为（73.6 ~ 86.2）μm ×（9.7 ~ 11.4）μm，子囊孢子为双细胞，上端略大，大小为（11.9 ~ 12.4）μm ×（5.8 ~ 7.5）μm。

〔发病规律〕 主要以分生孢子器或子囊壳随病残体在土壤中越冬，也可在种子内或附着在棚室架材上越冬。到第二年春天产生分生孢子及子囊孢子借助风雨传播，从植株伤口、气孔或水孔侵入。病菌喜温暖和高湿条件，温度范围为 19 ~ 25℃，相对湿度在 85% 以上，土壤湿度较高时易发病。保护地通风不良、连作地块、种植过密、生长势弱、光照不足、氮肥过量或肥料不足的黄瓜田发病重。

〔防治方法〕

1）农业措施。宜采用高垄栽培，雨季注意排除田间积水，改善种植地通透性；及时清除初发病叶，减少菌源；温室内及时放风，降低相对湿度。

2）药剂防治。发病初期及时喷洒 50% 的甲基硫菌灵可湿性粉剂 1 000 倍液、50% 的苯菌灵可湿性粉剂 1 000 倍液、10% 的苯醚甲环唑水分散粒剂 1 500 倍液或 12.5% 的烯唑醇可湿性粉剂 4 000 倍液等药剂，每 7 ~ 10 天左右喷洒 1 次。大棚温室也可用 30% 的百菌清烟剂每亩用 250g 熏烟，7 ~ 10 天施药 1 次，连续防治 2 ~ 3 次。

> 🔊 **提示** 蔓枯病为害症状有时与黑星病相似,较难区分时可喷洒苯并咪唑类药剂(多菌灵等)与唑类药剂(戊唑醇等)的混合药剂,对两种病害都有较好防治效果。

16. 绵腐病 >>>>

〔症状〕 主要为害接近成熟的瓜条。瓜条褪绿变黄,随之出现茂密的白色菌丝体(图16-1)。

〔病原〕 病原菌为 *Pythium aphanidermatum* (Eds.) Fitzp.,称瓜果腐霉,属鞭毛菌门真菌。

图16-1 绵腐病病瓜

〔发病规律〕 病菌主要以卵孢子在土壤中越冬。第二年形成孢子囊直接萌发芽管,也可形成游动孢子侵染寄主。低温高湿情况发病重。

〔防治方法〕 参见"4. 猝倒病"。

> 🔊 **提示** 绵腐病在症状上与菌核病有一些相似性,若无法区分,可采用镜检观察有无孢子的方法鉴定。

17. 霜霉病 >>>>

〔症状〕 主要为害叶片,苗期、成株期均可发病。苗期发病,叶片初现褐色或黄白色不规则病斑(图17-1),随病情发展病斑联合(图17-2),湿度大时病情发展迅速(图17-3)。成株期发病,叶片初现较多近圆形黄色小病斑（图17-4），后病斑发展为不规则形，颜色多变浅为褐色或浅黄色（图17-5～图17-7），叶片背面出现黑色霉层（图17-8），即病菌的孢囊梗及孢子囊。发病严重时叶片枯死（图17-9）。

图17-1　霜霉病苗期叶片症状

图17-2　霜霉病苗期病斑联合症状

图17-3　霜霉病苗期发病严重时症状

图17-4　霜霉病初期症状

图17-5　霜霉病中期症状

图 17-6 霜霉病典型症状

图 17-7 霜霉病田间症状

图 17-8 霜霉病叶背出现黑色霉层

图 17-9 霜霉病严重时叶片枯死

〔病原〕 病原菌为 *Pseudoperonospora cubensis* （Berk. et Curt.） Rostov.，称古巴假霜霉，属鞭毛菌门真菌。

〔发病规律〕 病原菌为专性寄生菌，离开黄瓜植株难以长期存活，所以病菌一般在植株上越冬。孢子囊依靠风、雨传播，湿度高时，孢子囊可萌发产生游动孢子进行侵染。潜育期较短，一般3～5天，短时间内可产生大量病原菌，病害易暴发流行。病害在低温高湿环境条件下发病重。

〔防治方法〕

1）选用抗病品种。如津研7号、夏丰1号、中农5号等。密刺类型黄瓜通常不抗病，稀刺类型黄瓜较抗病。

2）培育健壮无病幼苗。育苗地与生产地要隔离，定植时严格淘汰病苗。

3）加强栽培管理措施。改革耕作方法，改善生态环境，实行地膜覆盖，减少土壤水分蒸发，降低空气湿度，并提高地温。进行膜下暗灌，在晴天上午浇水，严禁阴雨天浇水，防止湿度过大，叶片结露。浇水后及时排除湿气，加强温度管理，上午将棚室温度控制在28～32℃之间，空气相对湿度为60%～70%，每天放风不宜过早。

4）科学施肥。施足基肥，生长期不要过多追施氮肥，以提高植株的抗病性。进行叶面喷肥，提高碳元素含量，可提高黄瓜的抗病力。经验表明，从定植后开始，按尿素∶葡萄糖（或白糖）∶水＝1∶1∶100的比例配制成溶液，每5～7天喷1次，连喷4次，防治效果可达90%左右。

5）药剂防治。发现中心病株或病区后，应及时摘掉病叶，迅速在其周围进行化学保护。一般每4～7天喷药1次，至于两次喷药间隔时间的长短，应按当时结露情况而定。露重时，间隔期要短。药剂主要有70%的乙磷·锰锌500倍液，72.2%的霜霉威水剂800倍液，50%的福美双可湿性粉剂500倍液、53%的精甲霜·锰锌水分散粒剂500倍液等。湿度过高时可采用烟雾法进行防治，每亩用45%的百菌清烟剂220g左右，均匀放在垄沟内，将棚密闭，点燃烟熏。熏1夜后放风。

> 📢 **提示** 天气晴朗时中午期间关闭放风口，升高棚内温度达38～40℃，维持2h左右，可杀死部分病原菌。

18. 炭疽病 >>>>

〔症状〕 主要为害茎蔓及叶片。叶片发病，出现近圆形褐色或黄白色病斑，稍凹陷；侵染茎蔓，出现苍白色至褐色长条形病斑，后期病斑常开裂（图18-1）。

〔病原〕 病原菌为 *Colletotrichum orbiculare* （Berk. & Mont.）Arx.，称瓜类刺盘孢，属半知菌门真菌。

[发病规律] 主要以菌丝体和拟菌核随病残体在土壤中越冬，也能潜伏在种皮上越冬。第二年形成分生孢子盘，进而产生分生孢子随风雨传播到寄主上进行初侵染。病菌生长适宜温度为20～27℃。土质过黏、湿度过大、氮肥施用过多、光照不足发病重。

图18-1 炭疽病为害茎蔓症状

[防治方法]

1）选用抗病品种。

2）种子消毒。播种前用45℃的温水浸种10min，或用40%的福尔马林200倍液浸种30min，再用清水洗净。

3）药剂防治。发病初期开始喷药，可用25%的咪鲜胺乳油1 000倍液、50%的甲基硫菌灵可湿性粉剂500倍液、80%的福·福锌可湿性粉剂1 000倍液、30%的苯噻氰乳油1 000倍液或40%的多·福·溴菌可湿性粉剂500倍液喷雾防治。每7～10天喷1次，连用2～3次。

⚠ 注意 使用咪鲜胺防治病害要注意施药量，避免产生药害、抑制生长。

19. 细菌性角斑病 >>>>

[症状] 该病主要为害叶片，也可侵染果实和茎蔓；苗期至成株期均可发病。叶片发病，先出现针尖大小的浅绿色水浸状斑点，渐呈浅褐色、灰白色（图19-1），因受叶脉限制，病斑呈多角形。随病情发展，病斑不断扩大并破裂穿孔（图19-2、图19-3），潮湿时叶背病斑外有乳白色菌脓（图19-4），干燥时呈白色薄膜状（故称白干叶）或白色粉末状。切开病健组织用显微镜观察能看到细菌的喷菌现象

（图19-5）。果实发病后初呈水
浸状圆形小点，扩展后为不规
则的或连片的病斑，向内扩展，
维管束附近的果肉变为褐色，
病斑溃裂，溢出白色菌脓，并
常伴有软腐病菌侵染而呈黄褐
色水渍状腐烂。病菌侵染种子，
引起幼苗倒伏死亡。

图 19-1　细菌性角斑病初期症状

图 19-2　细菌性角斑病典型症状

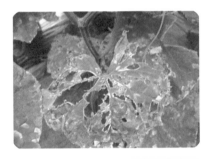

图 19-3　细菌性角斑病后期症状

图 19-4　细菌性角斑病病斑
背面溢出菌脓

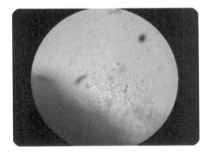

图 19-5　细菌性角斑病喷菌现象

　　黄瓜霜霉病与细菌性角斑病是温室黄瓜的两大主要病害，二者
有本质的区别。霜霉病为真菌性病害，细菌性角斑病为细菌性病害，

35

其防治方法迥然相异。但两种病害的症状十分相似，尤其在发病初期很难区分，菜农往往由于误诊而延误防治适期，造成损失。现将两种病害的特征介绍如下，以供鉴别和防治。

1）病斑形状与面积：两种病的病斑形状相似，但大小不同。病斑均为多角形，但细菌性角斑病病斑较小，而霜霉病的病斑较大，且扩散蔓延快，后期病斑会连成一片。

2）病斑颜色和穿孔：角斑病病斑颜色较浅，呈灰白色，后期易开裂形成穿孔；霜霉病病斑颜色较深，呈黄褐色，不开裂不穿孔。

3）病叶对光的透视度：病斑有透光感觉的为细菌性角斑病，无透光感觉的是霜霉病。

4）发病部位：细菌性角斑病在叶片和果实上均可发生，而霜霉病主要侵害叶片。

5）叶背病斑症状：潮湿时，霜霉病在叶片背面病斑上产生紫黑色霉层，而细菌性角斑病则不产生霉层，但叶背产生乳白色菌脓。

〔病原〕 黄瓜细菌性角斑病的病原菌为丁香假单胞菌黄瓜角斑病致病变种 [*Pseudomonas syringae* pv. *lachrymans* (Smith and Bryan) Young, Dye and Wilkie, 1978]。

〔发病规律〕 病菌随病残体在土壤中或种子上越冬。主要随雨水、灌溉水、昆虫等途径传播，一般不直接侵染，从自然孔口和伤口侵入，发病后产生菌脓进行再侵染。温度为 18 ~ 28℃，相对湿度在 90% 以上，尤其是连阴天、降雨日条件下发病重。

〔防治方法〕

1）选用抗病品种。津春 1 号、中农 13 号等黄瓜品种对细菌性角斑病抗性较强，可在生产中栽培推广。

2）种子消毒。选用无病瓜留种，并进行种子消毒。可用 55℃ 的温水浸种 15min，或 40% 的福尔马林 150 倍液浸种 1.5h，或 100 万单位农用链霉素 500 倍液浸种 2h，用清水洗净药液后催芽播种；也可将干燥的种子放入 70℃ 温箱中干热灭菌 72h。

3）清洁土壤。用无病菌土壤育苗，与非瓜类蔬菜实行 2 年以上轮作；生长期及收获后清除病残组织。

4）加强栽培管理。温室中栽培黄瓜要注意避免形成高温高湿条件，覆盖地膜，膜下浇水，小水勤浇，避免大水漫灌，降低田间湿度。上午黄瓜叶片上的水膜消失后再进行各种农事操作，避免造成伤口。

5）药剂防治。发现病叶后及时摘除，并喷洒60%的琥·乙膦铝（DTM）可湿性粉剂 500 倍液，或 14% 的络氨铜水剂 300 倍液，或50% 的甲霜铜可湿性粉剂 600 倍液，或 3% 的中生菌素可湿性粉剂 1 000倍液，根据病情发展情况，每 5 ~ 7 天喷洒 1 次，连喷 2 ~ 3 次。

⚠️ **注意** 一定要准确区分霜霉病与细菌性角斑病，避免用错药耽误最佳治疗时机。

20. 细菌性枯萎病 >>>>

〔症状〕 发病初期叶片上出现暗绿色水渍状病斑，植株地上部分呈萎蔫状（图 20-1），切开茎蔓可见维管束并不变色。与镰刀菌枯萎病相比，细菌性枯萎病发病蔓延速度快，短期内可感染大量病株。

〔病原〕 病原菌为 *Erwinia amylovora* var. *tracheiphila*，称解淀粉欧文氏菌嗜管变种，属细菌。

〔发病规律〕 该病为系统性侵染的维管束病害，有报道称此病菌由黄瓜甲虫传播，但相关研究报道较少。

〔防治方法〕

1）选用抗病品种。如碧春、满园绿等抗细菌病害的品种。

图 20-1 细菌性枯萎病植株萎蔫

2）种子消毒。温汤浸种可用50℃的热水浸种30min；药剂处理可用种子重量0.3%左右的50%琥胶肥酸铜可湿性粉剂拌种。浸种后的种子用水充分冲洗后晾干播种。

3）加强栽培管理。合理浇水，及时通风，降低棚内湿度。

4）药剂防治。发现病株及时进行防治。可选用77%的氢氧化铜可湿性粉剂500～800倍液，或72%的农用链霉素可湿性粉剂3 500倍液，或90%的链·土可溶性粉剂3 500倍液，或20%的叶枯唑可湿性粉剂500倍液，每7天1次，喷2～3次。也可用上述药剂进行灌根，每株用150mL左右。

 提示 雨后及时排水，发病重的地区进行土壤消毒。

21. 细菌性叶斑病 >>>>

〔症状〕 主要为害叶。发病叶片初呈水渍状黄化（图21-1），后转为黄白色；叶片背面也呈水浸状（图21-2）。

图21-1 细菌性叶斑病叶片
初呈水渍状黄化

图21-2 细菌性叶斑病
叶片背面呈水浸状

〔病原〕 病原菌为 *Pseudomonas syringae* pv. *syringaevan* Hall.，称丁香假单胞菌丁香致病变种，属细菌。

〔发病规律〕 病菌主要以菌体在种子上越冬，随种子调运及雨水溅射传播。

〔防治方法〕 参见细菌性角斑病的防治方法。

22. 细菌性叶枯病 >>>>>

〔症状〕 叶片出现数量较少的米粒大米黄色小点（图22-1），后病斑增多可达数百个（图22-2），病斑对光看呈透明状（图22-3），后期病斑变褐色枯死（图22-4）。

图22-1 黄瓜细菌性叶枯
病初期症状

图22-2 黄瓜细菌性叶
枯病典型症状

图22-3 细菌性叶枯病对光
看病斑呈透明状

图22-4 细菌性叶枯病
叶片背面症状

〔病原〕 病原菌为 *Xanthomonas campestris* pv. *cucubitae*（Bryan）Dye，称野油菜黄单胞菌黄瓜叶斑病致病变种，属细菌。

〔发病规律及防治方法〕 参见"19. 细菌性角斑病"。

提示 阴雨天不宜进行农事操作,以免造成伤口引起病菌侵染。

23. 细菌性圆斑病 >>>>

〔症状〕 主要为害叶片。叶片出现近圆形褐色病斑(图23-1),随病情发展,病斑变为白色透明状并破裂(图23-2),湿度大时病斑背面可见菌脓溢出(图23-3)。

图 23-1 细菌性圆斑病初期

图 23-2 细菌性圆斑病
病斑破裂穿孔

〔病原〕 病原菌为 *Xanthomonas campestris* pv. *cucubitae* (Bryan) Dye, 称野油菜黄单胞菌黄瓜叶斑病致病变种,属细菌。

〔发病规律及防治方法〕 参见"19. 细菌性角斑病"。

图 23-3 细菌性圆斑病叶背
出现菌脓

提示　连阴天或棚内湿度高时，可用烟雾剂熏棚防治病害。

24. 细菌性缘枯病 >>>>

〔症状〕 主要为害叶片。多从叶缘开始发病（图24-1），田间湿度低时，病斑干燥呈薄纸状（图24-2），湿度大时病斑呈水渍状软腐（图24-3），病斑有时具有黄绿色晕圈（图24-4）。空气潮湿情况下，病斑上可溢出白色菌脓。

图24-1　细菌性缘枯病多
从叶缘开始发病

图24-2　细菌性缘枯病湿度
低时病斑呈白纸状

图24-3　细菌性缘枯病湿度
高时病斑呈水渍状

图24-4　细菌性缘枯病后期症状

〔病原〕　病原菌为 *Pseudomonas marginalis* pv. *marginalis*（Brown）Stevens，称边缘假单胞菌边缘假单胞致病型，属细菌。

〔发病规律〕　病菌在种子上或随病残体在土壤中越冬，一般从叶缘水孔侵染，借助风雨、农事操作进行传播。叶面结露时间长、降雨多，易发病。

〔防治方法〕

1）农业防治。收获后及时清除病残体，选无病瓜留种；与非瓜类作物进行轮作，有条件的地区提倡水旱轮作。

2）种子消毒。用种子质量 0.3%～0.4% 的 20% 叶枯唑可湿性粉剂浸种，洗净后晾干播种。

3）药剂防治。发病初期喷 20% 的叶枯唑可湿性粉剂 500 倍液，或 77% 的氢氧化铜可湿性粉剂 600 倍液，或 3% 的中生菌素可湿性粉剂 800 倍液叶面喷雾。每隔 7 天喷 1 次，连喷 3～4 次。

> 提示　叶缘吐水多的品种发病较重，吐水少的品种发病轻。

25. 疫霉根腐病 >>>>

〔症状〕　叶片出现暗绿色不规则状病斑（图 25-1），中后期植株萎蔫（图 25-2），拔出植株可见部分根系发生水渍状褐变（图 25-3）。

图 25-1　疫霉根腐病叶片症状

图 25-2　疫霉根腐病植株萎蔫症状

〔病原〕 病原菌为 *Phytophthora drechsleri* Tucker，称掘氏疫霉，属鞭毛菌门真菌。

〔发病规律及防治方法〕 参见"4. 猝倒病"。

图25-3 疫霉根腐病病根变色

提示　注意土壤消毒、雨后排水。

二、生理性病害

26. 矮壮素药害 >>>>

〔症状〕 植株生长受到抑制，生长缓慢、植株老化，严重时叶片出现不规则形褪绿黄斑（图26-1）。

〔病因〕 矮壮素是促进黄瓜雌花分化和防止徒长的有效措施，但过量或不按规定使用矮壮素会造成药害，影响生长。

图26-1 矮壮素药害叶片出现褪绿病斑

〔防治方法〕

1）加强肥水管理。发现药害后，根据受害程度，增施速效性氮肥，加大浇水量，提供充足的水肥供应。

2）提高棚内温度。温度较高条件下，植株生长较快，有利于缓解药害。

3）药害早期及时喷施0.0016%的芸薹素内酯水剂1 000倍液或3%～5%的赤霉素解除药害。

⚠️ 注意 黄瓜花前生长期使用矮壮素应注意用量及次数，以免抑制生长，甚至早衰。

27. 氨气为害 >>>>

〔症状〕 主要为害叶片。叶片叶脉间出现大量枯白色或黄白色坏死斑（图27-1），严重时叶片整叶枯死，影响植株生长。

〔病因〕 过多施用未腐熟的粪肥或其他化学肥料，会产生大量氨气，并从土壤中逸出，为害植株。

〔防治方法〕

1）使用充分腐熟的粪肥，控制化学肥料使用量，提倡速效肥与缓释肥搭配使用。

2）发现为害后，及时通风，降低氨气含量。

3）向叶面喷洒清水或1.4%的复硝酚钠水剂5 000倍液可促进植株生长，减轻为害。

图27-1　氨气为害叶片症状

📢 提示　粪肥腐熟,翻入土中的深度不能过浅，能减少氨气从土壤中逸出。

28. 保瓜激素为害 >>>>

〔症状〕叶片受害部向上隆起，呈疱疹状（图28-1、图28-2），后期病斑褪绿变黄（图28-3）。

图28-1　保瓜激素滴在叶片上初期症状

图28-2　保瓜激素滴在叶片上的典型症状

〔病因〕 黄瓜保瓜激素（蘸花药）滴落到叶片上引起。

〔防治方法〕

1）蘸花时注意不要将药液滴在叶片上。

2）药害发生后，视为害程度，喷洒 1.4% 的复硝酚钠水剂 5 000 倍液或 0.136% 的芸薹·吲乙·赤霉酸可湿性粉剂 10 000 倍液。

图28-3 保瓜激素滴在叶片上
后期病斑褪绿变黄

 提示 受害严重的老叶及时摘除。

29. 除草剂药害 >>>>

〔症状〕 上部叶片均匀褪绿黄化（图29-1），严重时新叶黄化、生长缓慢（图29-2），为害重的还会引起茎蔓变黄、开裂（图29-3）。

图29-1 除草剂药害
受害较轻时症状

图29-2 除草剂药害受害重
时新叶黄化

〔病因〕 用喷洒过除草剂的喷雾器喷洒农药或在黄瓜田中使

用对黄瓜敏感的除草剂种类。

〔防治方法〕

1）除草剂喷雾器应贴上标签，不得喷洒其他农药。

2）及时摘除受害严重叶片，及时浇水、通风可减轻为害。

3）及时喷洒 1.8% 的复硝酚钠水剂 5 000 ~ 6 000 倍液或 3% ~ 5% 的赤霉素，以促进植株恢复生长。

图 29-3　除草剂药害导致茎蔓开裂

⚠️ **注意**　喷洒农药前一定要确定所用喷雾器是否为喷洒除草剂使用过的喷雾器。

30. 带帽出土 　>>>>

〔症状〕黄瓜苗出土后种皮不脱落，好像戴了一个帽子（图 30-1），称为带帽出土。

〔病因〕种子种植时覆土较少或土壤疏松且水分含量少导致种皮随幼苗一起长出。

〔防治方法〕

1）定期给苗床浇水，保持苗床土壤含水量。

图 30-1　黄瓜苗带帽出土

2）种子种植时合理覆土，不要太浅。

3）清晨露水干前，可人工摘除"帽子"。

注意 种皮干燥后不要强行摘去,容易损伤幼苗。

31. 氮过剩 >>>>

〔症状〕 主要表现为叶片颜色浓绿（图31-1），氮过剩严重时叶面凹凸不平（图31-2）。

图31-1 氮过剩叶色浓绿　　　　**图31-2** 氮过剩叶片凹凸不平

〔病因〕 过多施用氮肥引起叶片合成叶绿素增多导致。

〔防治方法〕

1）不要偏施氮肥，提倡测土配方施肥。

2）土壤中氮元素含量过高时可利用秸秆还田分解掉部分氮元素。

3）利用浇水渗透降低部分氮元素。

提示 氮素过剩严重的土壤可采取大水漫灌洗盐的方式改善土质。

32. 低温高湿综合征 >>>>

〔症状〕 主要为害叶片。叶片叶脉间叶肉黄化褪绿（图32-1），叶片下垂（图32-2），部分受害叶片出现许多近圆形黄白色针状小点（图32-3）。

图32-1　低温高湿综合征
叶脉间黄化

〔病因〕 温室内较长时间处于低温度高湿度的环境中，会影响植株对各种养分的正常吸收和利用，也会影响蒸腾作用等生理活动，造成缺素症和各种生长异常现象。

图32-2　低温高湿综合征
叶片下垂

图32-3　低温高湿综合征叶片
出现白色突起小点

〔防治方法〕

1）选用耐低温品种。

2）采用地膜覆盖、地面覆草等措施提高地温。温度过低时，可采用补照灯、大功率电器等方法提高棚内温度；合理通风，降低棚内湿度。

提示　注意合理密植,保持植株间通风透光。

33. 冻害 >>>>

〔症状〕　植株叶片皱缩畸形（图33-1），
温度越低受害越重。

〔病因〕　黄瓜长期处于最低界限温度以
下，尤其是0℃以下在较短时间内即会造成较
大危害。

〔防治方法〕

1）种植抗低温品种。

2）根据天气预报，寒流来临之前，喷施
72%的农用链霉素可湿性粉剂3 500～4 000
倍液，或27%的高脂膜乳剂80～100倍液，
有一定的抗寒作用。

图33-1　冻害受害
株症状

3）依靠地膜覆盖等措施提高地温，也可在棚室内挂天幕、扣
小拱棚，加开大功率电器等方法提高棚内温度。

⚠ 注意　预防冻害一定要保证修建的棚室质量过硬、保温性
能好。

34. 多效唑药害 >>>>

〔症状〕　叶片出现边缘不清晰的不规则褪绿斑（图34-1），植
株节间生长受抑制变短。

〔病因〕　多效唑使用过多或含量过大引起。

〔防治方法〕　参见"26. 矮壮素药害"。

图 34-1 多效唑药害节
间缩短、叶片褪绿

> 📢 **提示** 植株生长势较弱时不
> 要使用多效唑调控植株生长。

35. 肥害 >>>>

〔**症状**〕 主要为害叶片。
从叶缘或内部发病后出现褐色
坏死斑（图35-1、图35-2），严
重时叶片呈失水状萎蔫
（图35-3）。

〔**病因**〕 主要因氮肥等化
肥使用过量，土壤内盐离子含
量过大，影响营养和水分的正
常吸收引起。

图 35-1 肥害从叶缘发病症状

〔**防治方法**〕

1）按照测土配方施肥技术用肥。

2）增施有机肥，合理控制化学肥料使用量。

3）发病后多浇水并通风，必要时喷洒海藻酸类叶面肥可促进
恢复。

图35-2 肥害叶片出现
褐色坏死斑

图35-3 肥害叶片萎蔫症状

⚠️ 注意 必须改变"多施肥多结果"的不恰当观念。土地饱和后施肥再多也不会提高产量，还会破坏土壤结构，造成减产。

36. 褐色小斑症 >>>>

〔症状〕 主要为害叶片。表现为沿叶脉附近出现长条形或不规则形浅褐色病斑（图36-1）。

〔病因〕 环境温度低、湿度大、光照弱时施用较多肥料或土壤中已含有大量养分，由于此时植株吸收养分的能力较差，会引起类似于肥害的症状。

〔防治方法〕

1）提高温室大棚的保温性。

2）温度过低时可通过加开补照灯、大功率电器等方法提升温度。

3）冬季栽培要少浇水，以

图36-1 褐色小斑症症状

防天冷时浇水伤根，导致发病。

4）多施有机肥，减少化肥施用量。

📢 提示　症状与细菌叶枯病症状相似，但褐色小斑症一般发病率较高且分布均匀，而细菌叶枯病一般有较明显的发病中心。

37. 花斑症 >>>>

〔症状〕叶片叶脉间出现黄白色至褐色的不规则形花斑（图37-1），叶片老化僵硬，有时卷曲畸形。

〔病因〕花斑症主要由叶片中碳水化合物过量积累引起。如白天阳光好，光合作用合成较多碳水化合物，夜温过低，消耗及运输的化合物过少。过度采摘果实等也会引起化合物积累。另外，过量使用农药、根系受伤、缺乏微量元素、缺水等会引起叶片老化，也会表现为花斑症。

图37-1　花斑症症状

〔防治方法〕

1）温度调控。日间光照过强时使用遮阳网遮阴，夜温过低时采取加温措施，促进光合产物的正常运输。

2）及时浇水，保持土壤湿润。

3）合理使用农药及适时补充钙、硼、锌等微量元素。

📢 提示　花斑症发生后说明叶片老化严重，日常管理较粗放，应精细管理，减少症状发生。

38. 花打顶 >>>>

〔症状〕 植株生长点附近节间变短，未到开花期就进行花芽分化（图38-1），新叶部位未形成新叶而形成簇状的花（图38-2），严重影响黄瓜产量。

图38-1 花打顶症状1

图38-2 花打顶症状2

〔病因〕 花打顶主要因为营养生长受抑制转而进行生殖生长，如根系受伤、土壤过于干旱或过湿、化肥使用过多、地温过低等，影响营养水分的吸收；昼夜温差过大、生长前期温度低等也会抑制营养生长。

〔防治方法〕

1）培育健壮种苗。育苗期适度进行蹲苗、炼苗，促进根系发育。

2）进行温度调控。温度过低或过高时进行人工干预，创造植株发育的良好环境。

3）加强肥水管理。多施有机肥，注意施肥过程中不要误伤根系。适量浇水，避免冬季大水漫灌降低地温，影响根系吸收。

4）应急措施。发现花打顶后，适量去除雌花，同时喷施磷酸二氢钾300倍液；若因肥料使用过量引起花打顶时，应及时浇水。

📢 提示 花打顶的管理要点是在保持合理坐果量的基础上保障营养的充分供给。

39. 化瓜 >>>>

〔症状〕黄瓜瓜条发育不正常，顶端常先变黄（图39-1），继而整个瓜条黄化、萎缩（图39-2）。

图39-1 化瓜初期顶端变黄症状

图39-2 化瓜黄化萎缩症状

〔病因〕主要因结瓜过多导致营养不足引起。同时，光照弱、低温时间长也容易引起化瓜。

〔防治方法〕

1）施足基肥，结果期及时追肥，保障黄瓜营养需求。

2）及时摘除多余瓜条。

3）结果期可喷施1.4%的复硝酚钠水剂5 000～6 000倍液调节植株生长。

4）阴雨天光照条件差时及时补充光照。

5）夜温尽量控制在10～12℃之间，不宜过高，以免呼吸作用消耗过多养分。

提示 预防黄瓜化瓜最好保持合理坐果量，不给植株太大负担。

40. 黄化叶 >>>>

〔症状〕多由叶脉附近褪绿黄化（图40-1），后期褪绿为黄白色（图40-2），严重时叶片边缘向上卷曲。

图40-1　黄瓜黄化叶初期

图40-2　黄瓜黄化叶叶脉
变为黄白色

〔病因〕　此病主要因植株内微量元素比例失调所致，如根系弱或受伤，氮肥使用过多拮抗其他元素的吸收等引起。

〔防治方法〕

1）提倡测土配方施肥。

2）增施有机肥及生物菌肥，化肥用量不宜过多。

📢 提示　发病严重地区说明土壤结构、营养失衡严重，可采取大水漫灌洗盐或换土的方式改善土壤。

41. 鸡粪为害 >>>>

〔症状〕　黄瓜幼苗下部叶片浓绿（图41-1），后上部叶片变黄，下部叶片出现褐色坏死病斑或黄白色枯斑（图41-2），拔出幼苗可见根系大多坏死（图41-3）。

〔病因〕　黄瓜苗定植前施肥大量未腐熟的鸡粪，鸡粪

图41-1　鸡粪为害幼苗受害症状

在土壤中发酵，烧坏根系。

〔防治方法〕

1）施用充分腐熟的鸡粪。

2）发现鸡粪为害后，及时浇水、松土，促进植株生长。

图41-2　鸡粪为害下部叶片出现病变

图41-3　鸡粪为害根系被烧坏症状

⚠️ **注意**　当前菜农在用粪观念上存在一定的误区。有的菜农每亩地施入近四十方鸡粪，且大多未完全腐熟，施入土壤中后产生大量热量，很容易烧坏根系。

42. 畸形瓜 >>>>

〔症状〕黄瓜瓜条生长不正常，有蜂腰瓜（图42-1）、大头瓜（图42-2）、尖嘴瓜（图42-3）、弯曲瓜（图42-4）等形态。

图42-1　蜂腰瓜

图42-2　大头瓜

图42-3　尖嘴瓜

图42-4　弯曲瓜

〔病因〕　主要因黄瓜雌花未受精或受精不完全引起，因受精不良，果实中不能形成种子或只在部分位置形成少量种子，导致果实各部位发育不平衡形成畸形瓜。低温、高温、高湿、营养不良、病虫害严重容易引起受精不良。

〔防治方法〕

1）开花授粉期间避免低温、高温等环境条件。

2）加强水肥供应。尤其在坐果期要保证充足的养分供应。

3）及时防治病虫害，增强植株长势。

4）增施二氧化碳气体肥料，有利于有机营养的生产与积累。

提示　畸形瓜预防的关键是在植株花芽分化期间提供良好的温度、湿度及营养条件。

43. 激素中毒 >>>>

〔症状〕　主要为害叶片。幼苗受害，叶片僵硬，叶缘上卷（图43-1），成株期发病，叶面凹凸不平（图43-2），有的叶片部分皱缩畸形（图43-3），叶片拉长变形（图43-4），受害重的叶片呈"鸡爪"状，（图43-5），受害叶片对光看可见叶脉呈透明状（图43-6）。

图43-1 激素中毒幼苗受害症状

图43-2 激素中毒轻度受害症状

图43-3 激素中毒叶片
部分皱缩畸形

图43-4 激素中毒叶片拉长症状

图43-5 激素中毒叶片呈
"鸡爪"状

图43-6 激素中毒叶脉对光
看呈透明状

〔病因〕 黄瓜种植过程中使用激素（蘸花药、赤霉素等）的含量过高或用量过多引起。

〔防治方法〕

1）蔬菜种植过程中合理使用激素。如温度高时含量相应降低，温度低时含量适当提高。

2）应急措施。出现受害症状后可用5～7mL胺盐兑水12.5kg进行喷施，也可喷洒1.8%的复硝酚钠可湿性粉剂6 000倍液，每5～7天喷1次，连用3～4次。

⚠️ **注意** 激素在黄瓜栽培种植中必不可少，但使用过量容易造成药害，也会引起植株早衰。

44. 急性失水 >>>>

〔症状〕 叶片上出现大小不一的枯白色白纸状干枯斑（图44-1）。

〔病因〕 因环境中风速较大、温室大棚内温度高时，放风过急引起叶片短时间内大量失水所致。

〔防治方法〕

1）风速大、温度高时，放风应缓慢进行，逐渐将放风口拉开。

图44-1 急性失水症状

2）喷洒1.8%的复硝酚钠可湿性粉剂5 000～6 000倍液，可提高抗逆性。

 提示 有时间可向叶片喷洒一些清水。

45. 钾过剩 >>>>

〔症状〕 主要表现为从叶片边缘叶脉开始褪绿干枯，严重时叶片内部叶脉也出现干枯坏死（图45-1 ~ 图45-3）。

〔病因〕 黄瓜结瓜需要较多钾元素，但过量施用钾肥会影响植株对其他元素的正常吸收，导致发生病变。

图45-1 钾过剩轻度受害症状

〔防治方法〕

1）利用测土配方施肥技术合理施用钾肥。

2）发现钾过剩症状后，立即浇水、松土。

图45-2 钾过剩中度受害症状

图45-3 钾过剩典型症状

⚠ 注意 应平衡施肥，一次不要施用过多。

46. 降落伞形叶 >>>>

〔症状〕 叶片叶缘向下卷曲，好似"降落伞"一般，有时叶缘褪绿（图46-1）。

〔病因〕 土壤过干、地温过低或过高影响植株对钙元素的吸

收，造成植株缺钙引起。

〔防治方法〕

1）及时浇水，保持土壤湿润。

2）发现症状后喷施含钙叶面肥补充钙元素。

⚠ **注意** 钙素运输吸收较慢，最好提前喷施补充。

图 46-1 降落伞形叶田间症状

47. 焦边叶 >>>>

〔症状〕 黄瓜叶缘褪绿变为黄褐色至深褐色（图 47-1），受害重时呈焦枯状（图 47-2）。

图 47-1 焦边叶轻度受害症状

图 47-2 焦边叶重度受害症状

〔病因〕 化肥施用量大、土壤中盐离子含量高、化学农药过多施用都易引起焦边叶。

〔防治方法〕

1）多施有机肥及生物菌肥，控制化学肥料用量。

2）化学农药含量及用药次数不要随意加大。

3）采用大水漫灌的方式稀释土壤中盐离子的含量。

注意 日常栽培种植中加强管理,合理使用化肥、农药。

48. 冷风为害 >>>>

〔症状〕 叶片扭曲变形,出现黄白色至褐色枯斑(图48-1)。

〔病因〕 放风口及大棚入口处的植株受冷风侵袭所致。

〔防治方法〕

1)棚室口悬挂棉被,阻挡冷风进入棚内。

图 48-1 冷风为害叶片受害症状

2)棚外有冷风时,放风口不要拉开过大。

49. 沤根 >>>>

〔症状〕 黄瓜根系病变为褐色至深褐色(图49-1),沤根严重时茎基部也呈水渍状病变(图49-2)。

图 49-1 沤根根系变褐

图 49-2 沤根茎基部症状

〔病因〕 浇水过多造成土壤中氧气减少,从而影响根系正常的生理活动。

〔防治方法〕

1）浇水时小水勤浇，不要大水漫灌。

2）发现症状后及时松土，促进植株恢复生长。

 提示　植株浇水时可加入甲壳素或生根剂促进根系发育。

50. 泡泡病 >>>>

〔症状〕叶面出现许多大小不一的疱疹状隆起，好似许多小泡泡一般（图50-1）。

〔病因〕黄瓜生长期间温度低、连阴天或光照弱易发病，尤其是连阴天后突然晴天并浇大水时易发生。

图50-1　泡泡病病叶

〔防治方法〕

1）选择对低温、弱光具有较高抗性的品种。如密刺系列等。

2）温度调控。力保越冬茬黄瓜棚内温度在15℃以上。

3）调节光照。采取擦净棚膜、大棚后墙悬挂反光幕、加开补光灯等措施增强光照。

51. 氰氨化钙为害 >>>>

〔症状〕主要为害根系及茎基部。茎基部表皮纵列如麻（图51-1），严重时根部几乎不生长（图51-2），严重影响黄瓜生长。

〔病因〕氰氨化钙对土壤中病原菌有较强的灭杀作用。夏季，将氰氨化钙施入土中并浇水盖膜，可产生氰气及热量杀死病原菌，但常有浇水不透、不够或盖膜时间不到即去膜种植的现象，此时土壤中尚有氰氨化钙残留或氰气存在，容易对植株根部及茎基部造成伤害。

图 51-1 氰氨化钙为害茎基部
表皮龟裂症状

图 51-2 氰氨化钙为害重时
根系几乎不长

〔防治方法〕

1）使用氰氨化钙闷棚杀灭病原菌时，应将水浇透，使氰氨化钙充分反应。

2）浇水后盖膜闷棚时间一般为 20 ~ 30 天。

⚠ **注意** 使用氰氨化钙闷棚前后的24h 不要饮酒，否则易导致气短，呼吸困难。

52. 缺氮 >>>>

〔症状〕 主要表现为叶片均匀褪绿黄化（图 52-1）。

〔病因〕 土壤中缺乏氮元素或土壤板结、干旱造成植株吸收氮元素困难，都会引起植株氮元素缺乏。

〔防治方法〕

1）底肥施用足够数量的

图 52-1 缺氮叶片黄化

粪肥或有机肥，保障氮元素供给。

2）土壤中缺乏氮素时及时补充氮肥，温度低时施用硝态氮化肥效果好。

> 📢 **提示** 硝态氮、铵态氮、酰胺态氮是氮肥的 3 种主要形式。在土壤中，尿素（酰胺态氮）水解为铵态氮，铵态氮氧化为硝态氮。一般来说，早春低温季节尿素和铵态氮的转化比较慢，夏季高温季节转化快。因此，气候较冷凉的地区和季节适宜使用硝态氮肥。

53. 缺钙 >>>>

〔症状〕 主要为害新叶。新叶皱缩、生长缓慢，严重时叶缘干枯坏死（图 53-1）。

〔病因〕 土壤干旱、盐离子含量过高、根系受损，或水分过多、氮肥施用过多导致钙素吸收受阻。

图 53-1 缺钙新叶受害症状

〔防治方法〕

1）合理浇水，使土壤保持适宜湿度。

2）夏季炎热时使用遮阳网，降低蒸腾作用，有助于钙素吸收。

3）应急措施。发现症状后可喷洒 1% 的过磷酸钙，或 0.5% 的氯化钙加 5mg/kg 萘乙酸补充钙肥。

> 📢 **提示** 为预防植株缺钙，花期后就可喷洒含钙叶面肥。

54. 缺钾 >>>>

〔症状〕 中下部叶片边缘褪绿，继而发展为黄白色至褐色（图 54-1），严重时边缘干枯。

〔病因〕 土壤中钾含量少、氮肥用量过大、硼肥多等影响植株对钾元素的吸收，低温弱光时也易发生。

图 54-1 黄瓜缺钾下位叶叶缘黄化症状

〔防治方法〕

1）选用抗病品种。

2）结果期适当追施硫酸钾、草木灰等含钾的肥料。

3）应急措施。出现症状后叶面喷施 0.2% ~0.3% 的磷酸二氢钾水溶液。

55. 缺镁 >>>>

〔症状〕 黄瓜中部叶片叶脉间褪绿黄化（图 55-1），随缺镁程度的加剧，褪绿症状越明显。

〔病因〕 土壤中缺乏镁元素、根系受损、地温过低或钾肥用量大抑制镁元素的吸收，都会导致镁元素缺乏。

图 55-1 缺镁叶脉间黄化症状

〔防治方法〕

1）定植时多施有机肥。

2）地温低时设法提高地温，有利于镁元素的吸收。

3）发现症状后喷施 0.5% ~1.0% 的硫酸镁水溶液，每 3 ~5 天喷 1 次，连喷 2 次。

56. 缺硼 >>>>

〔症状〕 果实表皮粗糙、木栓化（图56-1），植株开花少而小，生长缓慢。

〔病因〕 土壤酸化、施用过量石灰、钾肥及土壤干燥时，易导致植株吸收硼元素困难而缺硼。

图56-1 缺硼症状

〔防治方法〕

1）定植前施用足量的含硼肥料。

2）发现病情后可用0.1%～0.25%的硼砂水溶液叶面喷施。

> 📢 提示 最好花期就开始喷施含硼叶面肥以补充硼肥，有利于开花结果。

57. 缺铜 >>>>

〔症状〕 叶片边缘上翘呈碗状，叶片颜色多变为黄绿色或浅绿色（图57-1），果实较短小。

〔病因〕 土壤中铜元素含量不足或过多施用磷肥而阻碍植株吸收铜元素。

〔防治方法〕

1）缺铜严重地块施用底肥时加入硫酸铜，用量为每亩施用1～2kg。

2）发现症状后叶面喷洒硫酸铜3500倍液，也可喷施含铜的叶面肥以补充铜元素。

图57-1 缺铜症状

58. 日灼病 >>>>

〔症状〕叶片出现黄白色至褐色干枯斑（图58-1）。果实受害，瓜条似开水烫过一样呈黄白色或白色。

〔病因〕光照强时阳光直射叶片或果实所致。

〔防治方法〕

1）夏季光照强时可将泥水泼洒在大棚膜外面，起到减弱光照的作用。

图58-1　日灼病叶片受害症状

2）使用遮阳网遮阴，避免太阳光直射叶片或果实。

提示　土壤中有机肥含量高，土壤结构合理，能提高土壤的保水性能。

59. 铜制剂药害 >>>>

铜制剂（氢氧化铜、碱式硫酸铜、喹啉酮等）是近年来在蔬菜病害防治中广泛使用的一种杀菌剂，具有杀菌谱广、药效持续时间长的特点，同时对细菌病防治效果好，如果能正确混用杀真菌的农药，可一次用药同时防治细菌性病害和真菌性病害，深受菜农喜爱。但铜制剂容易产生药害，混用则进一步增加了产生药害的可能性，在蔬菜生产中应时刻注意，预防药害的发生。

〔症状〕主要为害叶片。叶片出现边缘模糊、形状不规则的褪绿黄斑（图59-1），严重时叶片全叶黄化。

〔病因〕喷施铜制剂后，当植物体表面有水珠时，会不断释放出铜离子，发挥杀菌作用。但在高温多雨的情况下，尤其是连续降雨时间过长时，水滴中会溶解较多的二氧化碳，促进药剂中铜离子的释放，当铜离子含量超过一定量时，作物即会受到伤害。另外，由于使用不当或者制剂本身的原因，或在一些对铜制剂敏感的蔬菜上（如白菜、芹菜等）使用铜制剂，容易出现药害。

图59-1　铜制剂药害症状

〔防治方法〕

1）发生药害后应及时灌水，严重时喷洒0.0016%的芸薹素内酯水剂800～1 000倍液，或1.8%的复硝酚钠水剂5 000～6 000倍液可缓解药害。

2）注意铜制剂使用中的注意事项。铜制剂在一般情况下不能与含金属离子的农药或叶面肥混用（如代森锰锌等），因金属离子易引起沉淀，使药效改变或引发药害。

⚠ 注意　大多铜制剂不易与苯并咪唑类杀菌剂（甲基硫菌灵、多菌灵等）混用。在情况不明时，应进行预备试验，先小剂量混合一下，观察是否有颜色改变、气泡产生、沉淀产生等反应现象，一旦出现这些现象便说明不能混用。也可以先在蔬菜上试喷1次，确定无药害时再大面积混用。

60. 徒长 >>>>

〔症状〕植株节间过长，茎秆较细不粗壮，叶片颜色较浅，开花少（图60-1）。

〔病因〕主要由过量施用氮肥、光照弱、温度高、昼夜温差小等因素导致。

〔防治方法〕

1）多施有机肥，合理施用氮肥。

2）尽量加大昼夜温差，光照弱时补充光照。

⚠ **注意** 夜温高时日间浇水次数不要太多，依靠水分控制生长。

图 60-1 徒长田间症状

61. 小老苗 >>>>

〔症状〕 幼苗生长受到抑制，叶片变小，幼茎短而粗壮（图61-1）。因小老苗根系不发达，营养和生长受抑制，常引起幼苗开花（图61-2），吸收水分营养的能力差，严重时导致幼苗失水性萎蔫（图61-3）。

图 61-1 小老苗植株生长受抑制

图 61-2 小老苗植株早开花

〔病因〕 原因多种多样，如幼苗期间温度低，苗龄长，蹲苗期间低温时间过长，苗期光照不足发育不良，苗期水分营养供应不足。以上因素都可引起幼苗发病迟缓、老化，形成小老苗。

〔防治方法〕

1）适度蹲苗及炼苗，控制苗龄，尤其低温时间不宜过长，不能单纯依靠控制水分蹲苗，以防长时间干旱造成幼苗老化。

2）苗期光照不足应通过补照灯进行补光。

3）保障苗期营养和水分及时充足供应。

图 61-3　小老苗植株萎蔫症状

📢 提示　苗期注意激素用量，用量大也容易形成小老苗。

62. 药害 >>>>

〔症状〕叶片、茎秆、瓜条均可受害。叶片受害症状多样，如叶脉受害（图 62-1）、叶片干枯（图 62-2）、叶色褪绿（图 62-3）等。瓜条受害严重时表面会出现流胶现象（图 62-4）。

图 62-1　药害叶脉受害症状

图 62-2　药害叶片干枯症状

图62-3　药害叶片褪绿症状　　　　图62-4　药害瓜条流胶症状

〔病因〕　化学农药含量过高，用量过大，高温期间用药或不按规定使用农药易引发药害。

〔防治方法〕

1）按照用药方法、用药剂量及使用时间等规定科学用药。

2）发现药害症状后立即灌水并喷洒赤霉素或芸薹素内酯等生长调节剂可缓解药害。

⚠ 注意　将多种农药混合使用前，最好进行小范围试验，确定无害后再使用。

63. 银叶病 >>>>

〔症状〕　黄瓜叶片边缘先开始变为零星的白色薄膜状（图63-1），受害严重时整个叶片表面就像铺了一层白色的薄膜（图63-2）。

〔病因〕　主要由较长时间的低温造成。

〔防治方法〕

1）种植对低温有较好耐性的品种。

2）温度低时设法提高温度。

图 63-1　银叶病轻度受害症状

图 63-2　银叶病重度受害症状

提示　建造保温性能好的高质量冬暖式大棚是预防低温引起的生长障碍的根本。

64. 有机磷药害 >>>>

〔症状〕新叶受害重，多从叶缘开始褪绿黄化并卷曲（图 64-1）。

〔病因〕有机磷农药是防治黄瓜害虫及根结线虫的一类药剂，使用时含量大或用量过高容易引起药害。

图 64-1　有机磷药害症状

〔防治方法〕

1）有机磷农药的用量及使用含量按照规定使用，不要随意加大。

2）发现症状及时浇水，严重时喷洒 0.136% 的赤·吲乙·芸可湿性粉剂 6 000 倍液，或 0.0016% 的芸薹素内酯水剂 1 000 倍液缓解药害。

提示 部分有机磷农药毒性及残留量较高,应注意合理使用。

65. 早衰 >>>>

〔症状〕 一般在植株中下部叶片表现为褪绿黄化（图65-1），后期叶片枯死脱落。

〔病因〕 土壤板结、酸化，多年连作，导致土壤营养不良；植株根系发育不良或受损；病虫害多发造成植株生长衰弱；结果期营养供应不足等都会引起植株结果中后期因营养不足而发生早衰。

图65-1 黄瓜早衰中下部叶片黄化症状

〔防治方法〕

1）多施有机肥及生物菌肥，改善土壤品质，结果期及时追肥，保证植株营养供应。

2）实行轮作。轮作有利于保持土壤养分及结构稳定性，避免个别元素含量不足。

3）培育壮苗，促进根系发育。苗期管理不善易造成徒长，不利于后期根系发展。

4）及时防治病虫害。应早发现早治疗，保持植株生长良好。

提示 苗期最好炼苗、蹲苗，注意激素使用量。

三、虫　害

66. 西花蓟马 >>>>

西花蓟马属于缨翅目（Thysanoptera）、锯尾亚目（Terebrantia）、蓟马科（Thripidae）、花蓟马属（Frankliniella），是一种危险性极大的外来入侵害虫，对农作物有极大的危害性。该虫的寄主植物非常广泛，目前已知的约有200多种。近几年，蓟马在我国北方设施栽培作物上严重发生，尤其是对设施蔬菜为害较大，如辣椒、黄瓜、芹菜、西瓜等大多温室蔬菜受害严重，单株植株叶和花上的蓟马总数严重时超过千只。

〔学名〕 *Frankliniella occidentalis*（Pergande）。

〔为害特点〕 该虫以锉吸式口器取食植物的茎、叶、花、果，导致花瓣褪色，叶片皱缩，叶片、茎及果有时易形成伤疤，最终可能使植株枯萎，同时还传播包括番茄斑萎病毒（Tomato spotted wilt virus，TSWV）在内的多种病毒。常引起辣椒、芹菜、西瓜、番茄等蔬菜叶片卷曲、褪色，在叶片及果实上形成齿痕及疮疤（图66-1）。为害黄瓜则在叶片上出现白色褪绿斑点（图66-2），在苗期叶片为害严重时易形成空洞（图66-3）。幼虫多在叶片背面活动为害（图66-4），为害瓜条形成略凹陷疤痕（图66-5）。

图66-1　西花蓟马为害
番茄果实症状

图66-2　西花蓟马为害
黄瓜叶片症状

图 66-3　西花蓟马为害
黄瓜苗症状

图 66-4　西花蓟马为害
黄瓜叶片背面症状

图 66-5　西花蓟马为害黄瓜症状

图 66-6　西花蓟马幼虫

〔形态特征〕　雌虫体长 1.2～1.7mm，体浅黄色至棕色，头及胸部颜色较腹部略浅，雄虫与雌虫形态相似，但体形较小，颜色较浅。触角 8 节，腹部第 8 节有梳状毛。若虫有 4 个龄期，1 龄若虫一般无色透明，虫体包括头、3 个胸节、11 个腹节；在胸部有 3 对结构相似的胸足，没有翅芽。2 龄若虫金黄色（图 66-6），形态与 1 龄若虫相同。3 龄若虫白色，具有发育完好的胸足及翅芽和发育不完全的触角，身体变短，触角直立，少动，又称"前蛹"。4 龄若虫白色，在头部具有发育完全的触角、扩展的翅芽及伸长的胸足，又称"蛹"。卵不透明，肾形，约 200μm 长。

〔生活习性〕　在温室内，西花蓟马可全年繁殖，每年发生 12～17 代，15℃下完成 1 代需要 44 天左右，30℃下需要 15 天即可。

每只雌虫一般产卵 18 ~ 45 粒，产卵前期在 15℃ 下约为 10 天，20 ~ 30℃ 下 2 ~ 4 天，20℃ 时繁殖力最高。该虫将卵产于叶、花和果实的薄壁组织中，有时也将卵产于花芽中。27℃ 下卵期约 4 天，15℃ 下卵期可达 15 天。干燥情况下卵易死亡。幼期 4 龄，前 2 龄是活动取食期，后 2 龄不取食，属于预蛹和蛹期。1 龄若虫孵化后立即取食，27℃ 下历期约 1 ~ 3 天，2 龄若虫非常活跃，多在叶片背面等隐蔽场所取食，历期从 27℃ 的 3 天到 15℃ 的 12 天。2 龄若虫逐渐变得慵懒，蜕皮变为假蛹，这段历期在 27℃ 下为 1 天，15℃ 下为 4 天，化蛹场所变化较多，多在土中，也可在花中；蛹期 3 ~ 10 天。在室内条件下雌虫存活约 40 ~ 80 天，雄虫寿命较短，约为雌虫的一半。在一个种群内，雄虫数量通常为雌虫的 3 ~ 4 倍。雄虫由未受精卵发育而成，未受精卵产自未交配雌虫。该虫在温暖地区能以成虫和若虫在许多作物和杂草上越冬，相对较冷的地区则在耐寒作物如苜蓿和冬小麦上越冬，寒冷季节还能在枯枝落叶和土壤中存活。

〔防治方法〕

1）农业防治。清除菜田及周围杂草，减少越冬虫口基数，加强田间管理，增强植物自身抵御能力也能较好地防范西花蓟马的侵害，如干旱环境植物更易受到西花蓟马的入侵，因此保证植物得到良好的灌溉就显得十分重要。另外，高压喷灌利于驱赶附着在植物叶子上的西花蓟马，以减轻为害。

2）物理防治。利用蓟马对蓝色的趋性，可采取蓝色诱虫板对蓟马进行诱集，效果较好。

3）生物防治。利用西花蓟马的天敌蜘蛛及钝绥螨等可有效控制西花蓟马的数量。如在温室中每 7 天释放钝绥螨 200 ~ 350 只/m^2，完全可控制其危害。释放小花蝽也有良好的防效，这些天敌在缺乏食物时能取食花粉，所以效果比较持久。

4）药剂防治。药剂可选用 2.5% 的多杀霉素悬浮剂 1 000 倍液，10% 的虫螨腈乳油 2 000 倍液，5% 的氟虫腈悬浮剂 1 500 倍液，或 10% 的吡虫啉可湿性粉剂 2 000 倍液等进行喷雾防治。喷洒农药时，一要注意不同的农药交替使用以削弱其抗药性，二要注意使用的间隔期及密度。一般而言，一种农药使用两个月为佳，这样可减轻化学杀虫剂的选择压力，延缓害虫抗药性的产生。

　　📢　**提示**　蓟马性喜傍晚活动,此时喷药效果较好,同时加入有机硅助剂有利于提高药效。

67. 瓜绢螟 >>>>

　　瓜绢螟属鳞翅目、螟蛾科。又称瓜绢野螟、瓜野螟。在我国主要分布在南方地区，近年随着全球气候变暖、日光温室、冬暖式大棚的推广普及，虫群越冬率上升，瓜绢螟在北方地区的发生情况呈现常态化，并有愈演愈烈之势。该虫主要为害丝瓜、苦瓜、节瓜、黄瓜、甜瓜、冬瓜、西瓜、哈密瓜等瓜类蔬菜，也能为害番茄、茄子、辣椒等多种蔬菜，2007年以来，该虫在温室蔬菜上的为害日趋严重，个别温室中虫群数量达13.1只/株，已上升为主要害虫之一，对多种蔬菜，尤其是瓜类蔬菜的产量和质量造成严重影响。

　　〔学名〕　*Diaphania indica*（Saunders）。

　　〔为害特点〕　瓜绢螟以幼虫为害黄瓜、苦瓜、西葫芦、丝瓜等瓜类蔬菜的幼嫩部分。为害叶片时啃食叶肉，造成叶片穿孔、缺刻或形成近似透明的病斑。虫期到达3龄后，常吐丝将叶片卷合，并在其中为害。幼虫也啃食幼果及幼嫩茎蔓，导致果皮形成疮痂状病斑（图67-1），失去经济价值。幼虫还能钻进幼果、茎蔓及花中为害，严重时引起植株过早死亡。

　　〔形态特征〕　瓜绢螟成虫长约1.1~1.6cm，展翅后宽度约2.8~3.3cm，头部、胸部、尾部为黑褐色，翅膀边缘为褐色，翅面中心为白色似丝绢般的三角形区域（图67-2）。

　　幼虫体色为青色（图67-3），背部有两条纵向亮白色线带，并伴有黑色气门，各体节有瘤状突起。幼虫老熟后体色变为浅褐色至深褐色（图67-4）。蛹褐色，头部光滑尖锐，颜色稍浅。

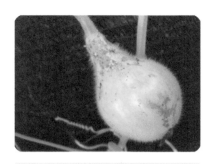

图 67-1　瓜绢螟为害葫芦症状

图 67-2　瓜绢螟成虫

**图 67-3　瓜绢螟
低龄幼虫**

图 67-4　瓜绢螟老熟幼虫

〔生活习性〕　瓜绢螟在寿光地区 1 年发生 4～5 代，其中第 1 代较整齐，2 代以后存在不同程度的世代重叠情况。5～9 月是害虫的为害高峰，尤其 6～9 月是第 2 代和第 3 代幼虫为害黄瓜、节瓜、甜瓜、西葫芦、苦瓜等瓜类蔬菜幼瓜的关键时期，应格外重视，及时用药，可控制虫情发展蔓延。瓜绢螟主要以老熟幼虫或蛹在病叶、石板下或表土中越冬。第二年 4 月底左右羽化，5～6 月幼虫开始为害，6 月底到 9 月虫群数量多，世代重叠，为害严重，11～12 月进入越冬期。成虫昼伏夜出，白天多隐藏在蔬菜或杂草里面，有一定的趋光性。卵多产于叶背，分散或多粒在一起。幼虫活泼，可借助吐丝转移为害，对温度适应范围较广，15～35℃ 均可正常生长，最适温度为 25～35℃。

〔防治方法〕

1）农业防治。加强田园的清洁工作，铲除棚室周围的杂草，蔬菜收获后及时将蔬菜残体清理出大棚沤成肥料，降低蛹量和蛹的成活率。瓜类蔬菜最好轮作不连茬。采用防虫网，必要时利用人工捕捉大龄幼虫，摘除有虫的卷叶，降低虫口基数。

2）诱杀成虫。在黄瓜、苦瓜、甜瓜、西葫芦、丝瓜、节瓜等瓜类蔬菜种植较为集中的地区，每年 5～10 月安置频振式杀虫灯或黑光灯，利用成虫趋光性诱杀成虫，降低产卵量。

3）化学防治。瓜绢螟老熟幼虫抗药性较强，用药最好在 3 龄之前，选用高效、低毒、低残留药剂。具体操作如下：在瓜绢螟 1～3 龄时，喷洒 5% 的氟虫腈悬浮剂 1 500 倍液、20% 的氰戊菊酯乳油 2 000 倍液、1% 的阿维菌素乳油 2 000 倍液、0.5% 的苦参碱 1 000 倍液、20% 的氯虫苯甲酰胺悬浮剂 5 000 倍液、1% 的甲维盐乳油 1 000 倍液、2.5% 的多杀霉素悬浮剂 1 500 倍液、40% 的辛硫磷乳油 1 000 倍液等药剂防治。严禁使用氧化乐果、久效磷等高毒、高残留农药，并遵循农药用药间隔期规定，保证蔬菜质量安全。

📢 **提示**　注意各杀虫机理不同的农药应交替使用，以延缓抗药性的产生。

68. 二斑叶螨 >>>>

二斑叶螨，又称二点叶螨或普通叶螨，在全国各地均有分布。可为害黄瓜、丝瓜、豆类等多种蔬菜。

〔学名〕　*Tetranychus urticae* Koch。

〔为害特点〕　若螨及成螨成群在叶背活动，吸食汁液，使叶片出现黄色点状小斑（图 68-1），为害幼叶引起卷曲黄化（图 68-2），严重时叶片干枯脱落。

图 68-1 二斑叶螨为害黄瓜叶片症状

图 68-2 二斑叶螨为害黄瓜致新叶黄化卷曲症状

〔形态特征〕 成螨有浓绿、浅黄、红色、褐色多种体色，体背两侧各有 1 块红色长斑，体背有 26 根刚毛，4 对足。雌体长 0.40～0.60mm，雄体长约 0.25mm。卵呈球形或近球形，长 0.13mm，表面较光滑，开始为无色透明，渐变为橙红色或浅红色。幼螨初孵时近圆形，体长约 0.15mm。若螨前期近椭圆形，4 对足，后期变为黄褐色（图 68-3），与成虫相似。雄性前期若虫脱皮后变成雄成虫。

图 68-3 二斑叶螨在叶背活动取食

〔生活习性〕 南方地区发生代数较多，每年 20 代以上，北方一般发生 10 余代。月均温达 5～6℃时越冬雌虫即开始活动，达 6～8℃时就产卵繁殖；卵期 10～15 天左右。产卵后经 20～30 天达第 1 代幼虫的孵化盛期，再以后就会世代重叠。气温越高，完成 1 代所需天数越短，23℃时完成 1 代约需 13 天，30℃以上时一般 6～7 天即可。二斑叶螨喜群集生活，多在叶背下活动为害。温度高、湿度小的环境中发病重。

〔防治方法〕

1）铲除田边杂草、清除老叶及其他病残体。

2）定期浇水，保持土壤湿度，减缓害虫的繁殖速度。

3）生物防治。注意保护及发挥天敌的自然控制作用。如深点食螨瓢虫幼虫期每只可捕食二斑叶螨200余只，其他还有食螨瓢虫、草蛉、盲蝽等扑食天敌。也可利用白僵菌等寄生螨虫，降低为害。

4）药剂防治。可选用的药剂较多：如10%的阿维·哒螨灵可湿性粉剂2 000倍液、1.8%的阿维菌素乳油3 000倍液、15%的浏阳霉素乳油1500倍液、5%的唑螨酯悬浮剂2 000倍液、20%的甲氰菊酯乳油1 200倍液等。以上药剂注意交替及轮换用，避免抗药性的快速产生。

提示　二斑叶螨世代重叠现象较突出，防治时最好将杀卵剂与杀幼虫、成虫的药剂一起使用。

69. 瓜蚜 >>>>

瓜蚜，又名棉蚜，属同翅目、蚜科，俗称蜜虫或油虫，是一种世界性害虫，干旱少雨年份发生严重。主要寄主有黄瓜、西瓜、甜瓜、丝瓜、西葫芦等葫芦科蔬菜。

〔学名〕 *Aphis gossypii* Glover。

〔为害特点〕 成虫及若虫性喜吸食植株幼嫩部分的汁液。植株生长点及幼嫩部分受害后，叶片卷缩，常褪绿为灰黄色（图69-1、图69-2），严重时叶片干枯死亡。

〔形态特征〕 有翅胎生雌蚜约1.2～1.9mm长，浅黄绿色，前胸有黑色背板，背面两侧有3～4对黑斑（图69-3）。无翅胎生雌蚜及若蚜体色多变，夏季多为黄绿色，秋季则多呈深绿色或蓝灰色（图69-4～图69-7）。

〔生活习性〕 成蚜和若蚜在温室大棚中可常年为害。一般每年发生20余代，月均温达6～8℃时，越冬卵即孵化为干母，大约1个月后产生有翅蚜并迁飞到露地为害。秋冬季节形成有翅蚜再回到大棚内，产生性蚜交配产卵越冬。一般来说，干旱少雨、植株徒长的地块发病重。

图 69-1 瓜蚜为害黄瓜新
叶受害症状

图 69-2 瓜蚜为害黄瓜叶片症状

图 69-3 瓜蚜有翅蚜及幼虫

图 69-4 瓜蚜幼虫 1

图 69-5 瓜蚜幼虫 2

图 69-6 瓜蚜幼虫 3

〔防治方法〕

1）农业防治。铲除地块周围杂草，深耕土壤，有利于病残体分解，减少虫源和虫卵的寄生场所。

2）物理防治。提倡用黄板诱蚜或使用银灰色薄膜避开蚜虫。

3）生物防治。保护利用瓢虫、草蛉、食蚜蝇、小花蝽、蚜小蜂、蚜霉菌等天敌可有效控制虫群密度。

4）药剂防治。可使用药剂有0.65%的苦蒿素水剂 300～400 倍液、

图 69-7　瓜蚜幼虫 4

2.5%的三氟氯菊酯乳油 3 000 倍液、3%的啶虫脒乳油 2 000 倍液、10%的吡虫啉可湿性粉剂 1 500 倍液、2.5%的联苯菊酯乳油 3000 倍液等。

⚠️ **注意**　抗蚜威对菜蚜（桃蚜、萝卜蚜、甘蓝蚜）效果好，但对瓜蚜效果较差，不宜使用。

70. 网目拟地甲　>>>>

网目拟地甲在全国大多数地区有分布，成虫及幼虫啃食植株幼苗及根部，对蔬菜产量造成严重影响。

〔学名〕　*Opatrum subaratum* Faldermann。

〔为害特点〕　成虫、幼虫啃食植株幼苗、嫩茎、新根等部位，幼虫有时也会钻入根茎类植株的根茎内，影响蔬菜产量及品质。

〔形态特征〕　成虫体长 6.3～8.8mm，体色多为褐色至黑色（图 70-1），因常在地下活动，翅上多覆盖泥土。幼虫虫体截面呈近椭圆形，黄褐色。

〔生活习性〕　寿光地区一般每年 1 代，以成虫在土壤中或缝

隙内越冬。第二年春环境适宜时成虫出土为害；假死性明显。天气干旱少雨、土壤黏度大时发病严重。

〔防治方法〕

1）土壤消毒。每亩用50%的辛硫磷乳油250g，兑水2 000～2 500g喷于25～30kg细土上拌匀制成毒土，撒于地表并耕翻。

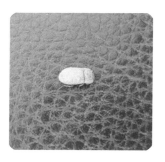

图70-1　网目拟地甲成虫

2）拌种防治。用50%的辛硫磷与水和种子按1∶30∶500的比例拌种，可防治其幼虫为害植株。

3）药剂防治。可用48%的毒死蜱乳油1 500倍液、40%的菊·马乳油2 000～3 000倍液、10%的氯氰菊酯乳油2 000～3 000倍液或20%的杀灭菊酯乳油2 000～3 000倍液喷雾或灌根。

附录 常见计量单位名称与符号对照表

量 的 名 称	单 位 名 称	单 位 符 号
长度	千米	km
	米	m
	厘米	cm
	毫米	mm
面积	公顷	ha
	平方千米（平方公里）	km^2
	平方米	m^2
体积	立方米	m^3
	升	L
	毫升	mL
质量	吨	t
	千克（公斤）	kg
	克	g
	毫克	mg
物质的量	摩尔	mol
时间	小时	h
	分	min
	秒	s
温度	摄氏度	℃
平面角	度	(°)
能量，热量	兆焦	MJ
	千焦	kJ
	焦［耳］	J
功率	瓦［特］	W
	千瓦［特］	kW
电压	伏［特］	V
压力，压强	帕［斯卡］	Pa
电流	安［培］	A

参 考 文 献

[1] 方中达. 植病研究方法 [M]. 3 版. 北京：中国农业出版社，1998.

[2] 陆家云. 植物病害诊断 [M]. 2 版. 北京：中国农业出版社，1997.

[3] 吕佩珂，苏慧兰，高振江，等. 中国现代蔬菜病虫原色图鉴（全彩大全版）[M]. 呼和浩特：远方出版社，2008.

[4] 全国农业技术推广服务中心. 潜在的植物检疫性有害生物图鉴 [M]. 北京：中国农业出版社，2005.

[5] 任欣正. 植物病原细菌的分类和鉴定 [M]. 北京：中国农业出版社，2000.

[6] 魏景超. 真菌鉴定手册 [M]. 上海：上海科学技术出版社，1979.

[7] 谢联辉. 普通植物病理学 [M]. 北京：科学出版社，2006.

[8] 邢来君，李明春. 普通真菌学 [M]. 北京：高等教育出版社，1999.

[9] 佘永年. 中国真菌志（第六卷）霜霉目 [M]. 北京：科学出版社，1998.

[10] 郑建秋. 现代蔬菜病虫鉴别与防治手册（全彩版）[M]. 北京：中国农业出版社，2004.

[11] 中华人民共和国农业部农药检定所. 2011 农药管理信息汇编 [M]. 北京：中国农业出版社，2011.

书　目

ISBN：978-7-111-57310-4

定价：29.80 元

ISBN：978-7-111-47467-8

定价：25.00 元

ISBN：978-7-111-52313-0

定价：25.00 元

ISBN：978-7-111-56074-6

定价：29.80 元

ISBN：978-7-111-56065-4

定价：25.00 元

ISBN：978-7-111-46164-7

定价：25.00 元

ISBN：978-7-111-49264-1

定价：35.00 元

ISBN：978-7-111-49603-8

定价：29.80 元

ISBN：978-7-111-47947-5

定价：29.80 元

ISBN：978-7-111-49513-0

定价：25.00 元